Oliver Vogelhuber, Frank M. Scheelen

Was Menschen wirklich wollen

Menschenkenntnis auf einen Blick mit Profiling^3

Die deutsche Bibliothek – CIP-Einheitsaufnahme
Die Deutsche Nationalbibliothek verzeichnet diese Publikation in der Deutschen Nationalbibliografie; detaillierte bibliografische Daten sind im Internet unter http://dnb.d-nb.de abrufbar

Vogelhuber, Oliver / Scheelen, Frank M.
Was Menschen wirklich wollen. Menschenkenntnis auf einen Blick mit Profiling³

Print: ISBN 978-3-93-625912-4
E-Book: ISBN 978-3-00-059292-8

www.scheelen-institut.com; info@scheelen-institut.com
1. Auflage 2019

Gesamtproduktion, Design, Layout: text-ur agentur Dr. Gierke, Köln, www.text-ur.com

Druck und Vertrieb: BoD – Books on Demand GmbH, Norderstedt, www.bod.de

Der leichteren Lesbarkeit halber ist im Buch die männliche Form der Ansprache gewählt – mitgemeint und herzlich eingeladen sind immer auch die Leserinnen.

ISBN 978-3-93-625912-4

Printed in Germany

Inhaltsverzeichnis

EINLEITUNG

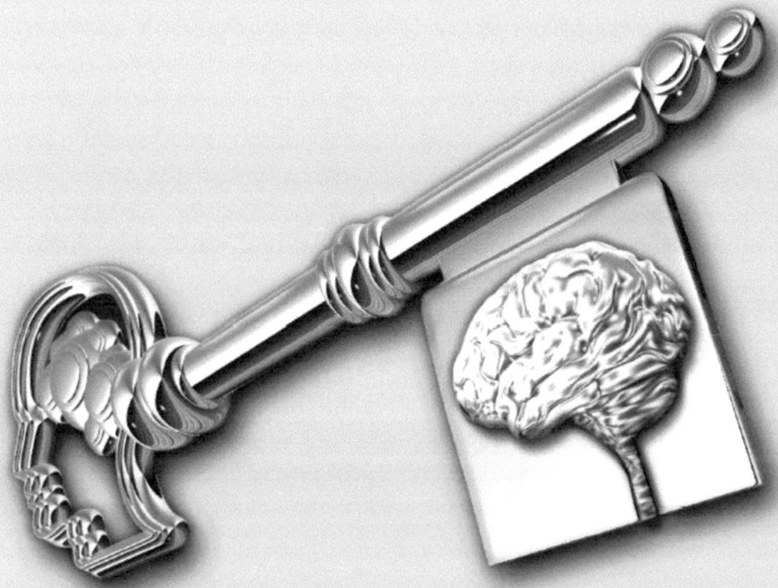

Mit Profiling³ andere Menschen punktgenau einschätzen

Profiler-Einstieg 1

Lassen Sie uns gleich in die Thematik einsteigen. In diesem Buch geht es darum, wie Sie erkennen, was Menschen wirklich wollen. Es geht um Ihre Selbst(er)kenntnis und ihre Menschenkenntnis. Wir stellen Ihnen eine Methode vor, mit der Sie Menschen lesen und einschätzen können. Wir zeigen Ihnen, dass und wie Ihnen Persönlichkeitsdiagnostik hilft, fürs Business zu lernen, ob Sie nun als Verkäufer, als Führungskraft, als Unternehmer oder als Personalchef unterwegs sind, der nach hoch qualifizierten Mitarbeitern sucht, der eine vakante Stelle besetzen will.

Wie gefällt Ihnen dieser Einstieg in das Buch? Sind Sie motiviert, es zu lesen? Freuen Sie sich darauf, zu erfahren, wie es weitergeht? Wollen Sie so rasch wie möglich jene Methode kennenlernen, mit der es gelingt, Menschen zu lesen und einzuschätzen? Dann gehören Sie wahrscheinlich zu den Menschen, die es lieben, wenn Gesprächspartner – und Autoren – rasch und zugespitzt auf den Punkt kommen, ohne großartig drum herum zu reden.

Profiler-Einstieg 2

Bevor wir in die Thematik einsteigen, wie Sie erkennen, was Menschen wirklich wollen, möchten wir uns kurz vorstellen: Oliver Vogelhuber und Frank M. Scheelen – wir sind zwei ausgewiesene Experten der Persönlichkeitsdiagnostik. Der eine, Oliver Vogelhuber, der als Praktiker, Coach, Trainer und Speaker seinen Kunden zeigt, wie sie ihre Menschenkenntnis erweitern. Und der andere, Frank M. Scheelen, der sich als Gründer von INSIGHTS MDI® und exklusiver INSIGHTS MDI®-Lizenzgeber in Zentraleuropa sowie als Experte, der Tausende von Trainern, Beratern und Personalchefs ausgebildet hat, einen Namen im Bereich der Persönlichkeitsdiagnostik gemacht hat und überdies als Experte für Kompetenzmanagement und Beziehungsmanagement agiert. Gemeinsam wollen wir Ihnen zeigen, dass und wie es Ihnen mit Persönlichkeitsdiagnostik gelingt ...

Stopp! Wie gefällt Ihnen dieser Einstieg in das Buch? Der Unterschied zum ersten Einstieg: Jetzt bauen wir erst einmal eine Beziehung zu Ihnen, den Lesern, auf, indem wir uns vorstellen. Vielleicht gelingt es uns so, Gemeinsamkeiten mit Ihnen zu betonen. Wenn Sie jetzt gespannt sind, was wir zu sagen und zu schreiben haben, gehören Sie vielleicht zu den beziehungsorientierten Menschen. Erst die Beziehung, dann das Thema – so Ihre Einstellung.

Und damit sind wir schon mittendrin im Thema:

> ***Es gibt verschiedene Zugänge zur Welt, jeder Mensch ist und tickt anders, jeder hat seine Perspektive, aus der heraus er die Welt und andere Menschen betrachtet.***

Wenn Sie mehr der Typ sind, der es liebt, rasch auf den Punkt zu kommen, gefällt Ihnen wahrscheinlich der erste Einstieg besser, wenn Sie zunächst einmal wissen wollen, mit wem Sie es zu tun haben und eine Beziehung aufbauen wollen, wohl der zweite Einstieg.

Übrigens: Wenn Sie ein ZDF-Mensch sind, also jemand, für den Zahlen, Daten und Fakten von großer Bedeutung sind, würden Sie wahrscheinlich wiederum einen anderen Einstieg in das Buch bevorzugen. Nämlich einen, der Ihnen schwarz auf weiß mithilfe von Studien belegt, warum Menschen mit hoch entwickelter Selbst- und Menschenkenntnis erfolgreicher agieren als andere.

Damit nicht genug: Jüngst riet uns ein befreundeter Trainer: „Wenn ihr eure Leser von Anfang an fesseln wollt, steigt mit einem bunten inspirierenden Bild ein. Erläutert mit leuchtenden Farben und motivierenden Sprachbildern, welche tollen Umsetzungserfolge sich erreichen lassen, wenn es gelingt, jeden Menschen auf seinem individuellen Kanal anzusprechen.“ – Sie können sich vorstellen, was dieser Trainer von jenem trocken-sachlichen-ZDF-Einstieg halten würde...

Menschen lesen lernen: Erfolgsfaktor Menschenkenntnis

Sie sehen, worauf wir hinaus wollen: Wer über eine Methode verfügt, mit der er erkennt, mit wem er es zu tun hat, kann Menschen genau da abholen, wo sie stehen. Wer weiß, warum Menschen so sind, wie sie sind, und warum sie so reagieren, wie sie reagieren, kann sein kommunikatives Verhalten darauf ausrichten. Und den Bucheinstieg wählen, der den Leser fesselt.

Unsere Erfahrung ist: Wer sich selbst einschätzen kann und überdies in der Lage ist, andere Menschen zu lesen und einzuschätzen, mithin über Selbstkenntnis und Menschenkenntnis verfügt, erhöht seine kommunikative Kompetenz.

Natürlich: In einem Buch ist es schwierig, auf den individuellen Leser einzugehen und seine jeweilige Vorstellungswelt anzusprechen. Zumal wir hoffen, dass unser Buch von möglichst vielen unterschiedlichen Menschen gelesen wird. Im Gespräch und Dialog mit Kunden, Mitarbeitern, Führungskräften und Bewerbern jedoch ergeben sich ungeheure Vorteile, wenn Sie über eine Methode oder ein Modell verfügen, mit dem Sie das

Werte- und Emotionssystem der Menschen ausleuchten und in die Vorstellungswelt des jeweiligen Gesprächspartners eintauchen können:

- Als Verkäufer sprechen Sie den Kunden punktgenau an. Sie wählen eine typgenaue Ansprache und stimmen Ihr argumentatives Vorgehen, Ihre Einwandbehandlung und Ihr Verhalten in der Abschlussphase auf den Kundentyp ab.

- Als Führungskraft oder Unternehmer finden Sie den spezifischen Motivationsknopf jedes Mitarbeiters. Sie wissen, welchen Führungsstil Sie einsetzen sollten, um den Mitarbeiter dazu zu bewegen, seine beste Leistung zu erbringen und einen substantiellen Beitrag zur Erreichung der Unternehmensziele zu leisten.

- Als Personalchef, der weiß, welche Persönlichkeit die vakante Stelle am besten ausfüllen kann, sind Sie in der Lage, den richtigen Mitarbeiter für die offene Position zu finden. Selbstverständlich muss der neue Mitarbeiter bestimmte Kompetenzen mitbringen, aber er sollte zudem von den Verhaltensweisen und der Persönlichkeitsstruktur her ins Team passen und fähig sein, zum Beispiel mit Kunden optimal zu kommunizieren.

„Behandle die anderen so, wie sie behandelt werden wollen"

Die Methode, die wir Ihnen vorstellen wollen, nennen wir Profiling³. Mit Profiling³ gelingt es, andere Menschen punktgenau, schnell und besser einzuschätzen. Die Grundregel besagt: „Behandle die anderen so, wie sie behandelt werden wollen." Wer dies leisten möchte, muss natürlich erst einmal erkennen können, wie das Gegenüber, wie der Gesprächspartner, wie der Kunde, der Mitarbeiter oder der Bewerber behandelt werden möchte. Profiling³ nutzt mit INSIGHTS MDI® ein Persönlichkeitsdiagnostiktool, mit dem sich die eigene Persönlichkeitsstruktur, ebenso wie die anderer Menschen erkennen lässt. Wir möchten Sie jetzt schon darauf hinweisen:

Die Ergebnisse einer Persönlichkeitsanalyse mithilfe eines Diagnostiktools sind immer nur der erste Schritt, einen Menschen näher kennenzulernen. Überprüfen Sie die Ergebnisse immer wieder, gleichen Sie sie mit der Realität ab, indem Sie den direkten Kontakt mit einem Menschen dazu nutzen, ihn noch besser einzuschätzen.

Die Ergebnisse, die sich mit einem Persönlichkeitsdiagnostiktool und mit Profiling³ erreichen lassen, bedürfen immer der Überprüfung. Sie stellen nicht die Landschaft dar, sie sind nicht das wahre Abbild der Persönlichkeit eines Menschen, sie bilden vielmehr eine Landkarte, die bestimmte Spezifika, Merkmale und Eigenschaften herausstellt und erkennen lässt.

Natürlich können Sie etwa einen Kunden nicht erst einer langwierigen Persönlichkeitsanalyse unterziehen, um seine Persönlichkeitsstruktur zu erkennen. Wenn Sie einen Kunden länger kennen und bereits mehrere Gespräche mit ihm geführt haben oder wenn Sie mit einem Mitarbeiter länger zusammengearbeitet haben, mag eine Einschätzung der Persönlichkeit durchaus möglich sein. Aber Sie wollen ja schon zu Beginn eines Kontaktes wissen, wie ein Kunde oder Mitarbeiter tickt. Darum ist es unser Anspruch, Ihnen Möglichkeiten aufzuzeigen, wie Sie die Persönlichkeitsstruktur eines Gesprächspartners zumindest grundsätzlich sofort einschätzen können, um Ihr Verhalten und Ihr kommunikatives Vorgehen darauf abzustimmen.

Ein kleines Beispiel zur Verdeutlichung: Sie bereiten sich auf einen wichtigen Kundentermin vor, der bei Ihnen stattfindet. Der Kunde, ein hochrangiger Entscheider, betritt zurückhaltend Ihr Büro. Er grüßt mit leiser Stimme und nimmt mit niemandem Blickkontakt auf, zudem hat er einen Regenschirm mit dabei. Allerdings: Die Sonne scheint. Der Wetterbericht besagt zwar, es könnte eventuell im Laufe des Tages Regen einsetzen, die Wahrscheinlichkeit ist aber eher gering.

Als geschulter Profiling³-Kenner vermuten, nein, wissen Sie, dass Sie wohl mit einem eher vorsichtigen Menschen zu tun haben, der Risiken exakt abschätzt und abwägt und tolldreisten Experimenten eher abgeneigt ist. Sie sind klug beraten, sich im Gespräch entsprechend zu verhalten und durch geschickte Fragetechnik herauszufinden, ob Ihre erste Einschätzung stimmig ist. Wenn das so ist, können Sie den Entscheider so behandeln, wie er behandelt werden möchte!

Zum Aufbau des Buches

Ein Großteil des kommunikativen Erfolgs basiert auf Psychologie. Sowohl für den sozialen als auch für den gesellschaftlichen und beruflichen Erfolg ist die Fähigkeit entscheidend, mit verschiedenen Menschen eine positive Chemie zu entwickeln und Sympathie füreinander aufzubauen. Dies wird als soziale Kompetenz oder emotionale Intelligenz bezeichnet. Hier setzt Profiling³ an, das sich auch im privaten Bereich einsetzen lässt. Selbstkenntnis und Menschenkenntnis sind die zwei Seiten einer Medaille und in so gut wie jedem kommunikativen Bereich hilfreich.

Profiling^3 basiert auf drei Kernfragen:

- Profiling^1: „Wer bin ich?“ (Selbstkenntnis)

- Profiling^2: „Wie ticken die anderen?“ (Menschenkenntnis)

- Profiling^3: „Was mache ich daraus?“ (Anwendung von Selbst- und Menschenkenntnis in Kombination mit Persönlichkeitsanalysen in konkreten Gesprächssituationen)

Diese Kernfragen strukturieren unser Buch: Nachdem wir

- in Kapitel 1 die Grundlagen des Ansatzes erläutert haben,
- beschäftigen wir uns in den Kapiteln 2 bis 4 mit jenen drei Kernfragen, um schließlich
- in den Kapiteln 5 bis 7 mit dem Verkauf, der Führung und dem Recruiting den Nutzen von Profiling^3 in drei Einsatzbereichen so zu beschreiben, dass Sie das Konzept in Ihrem jeweiligen Verantwortungsbereich gewinnbringend einsetzen können.

Übrigens: Wir, die Autoren, haben dieses Buch gemeinsam verfasst, als Duo. Trotzdem wollen wir unsere jeweiligen individuellen Erfahrungen einbringen. Auch wir sind natürlich einzigartige Individuen mit unterschiedlichem Erlebnis- und Erfahrungshintergrund. Um in unserem gemeinsamen Buch von unseren jeweiligen persönlichen Erfahrungen berichten zu können, verlassen wir an einigen Stellen die Wir-Position und begegnen Ihnen als Einzelpersonen, um Ihnen Storys aus unserer jeweiligen Erfahrungswelt zu erzählen - Sie finden diese mit einem Mikrofon-Icon gekennzeichnet. Wichtige Erkenntnisse haben wir als Schlüsselsätze - mit dem Hirn-Schlüssel-Icon versehen - zusammengefasst, und an den Stop-Schilder-Icons können Sie innehalten, um das Gelesene mit eigenen Reflexionen und kleinen Übungen zu vertiefen. QR-Codes schließlich weisen Ihnen den Weg zu weiterführenden Materialien auf unseren Websites.

Jetzt aber los - wir wünschen Ihnen viel Freude und spannende Aha-Erlebnisse!

Frank M. Scheelen Oliver Vogelhuber

Vogelhuber, Scheelen – Was Menschen wirklich wollen

KAPITEL 1

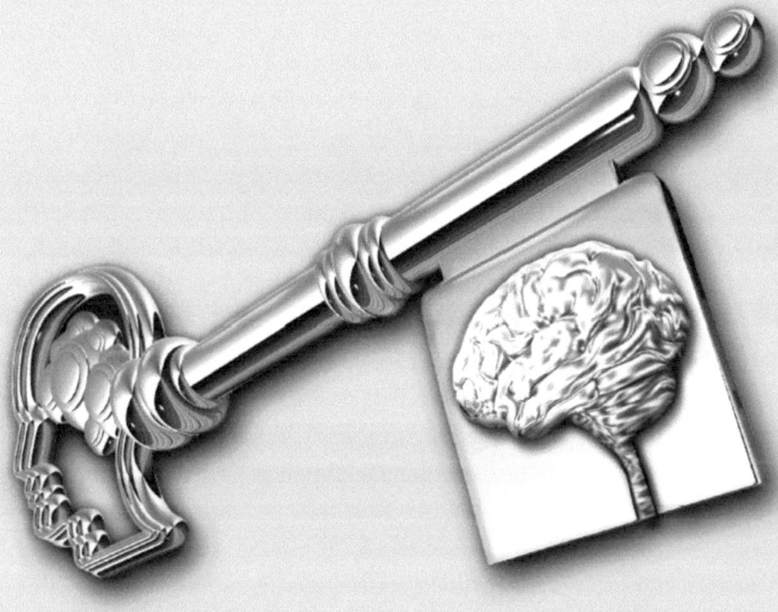

Vertrauen aufbauen und innere Antreiber erkennen – die theoretischen Grundlagen des Profiling³

Wie tickt dieses Kapitel?

- Mit dem Profiling³-Ansatz liegt Ihnen eine weitere Möglichkeit vor, das Tor zu den Herzen Ihrer Gesprächspartner zu öffnen.
- Sie erfahren, was sich hinter dem Profiling³-Ansatz verbirgt und was die Kripo und das FBI damit zu tun haben.
- Grundlagen des Profiling³-Ansatzes sind der Vertrauens- und Beziehungsaufbau und die Kompetenz, die inneren Antreiber eines Menschen zu erkennen.

Die Welt ein Stückchen besser machen

Persönlichkeitsdiagnostik und auch Profiling³ haben nichts damit zu tun, wie ein Profiler in den Kopf des Kunden, Mitarbeiters oder Bewerbers zu schlüpfen, um seinen tiefsten Regungen oder gar Trieben auf die Spur zu kommen. Klar, es wäre schön, den Kaufbutton des Kunden, den Motivationsknopf des Mitarbeiters und den inneren Antreiber des Bewerbers erkennen zu können, aber letztendlich geht es um die Annäherung an das, was einen Menschen wirklich ausmacht. Wenn wir im Folgenden darüber reflektieren, welche Methoden das FBI oder die Kripo anwenden, um die Beweggründe von Menschen zu erkennen, ist unser Ziel, Methoden, die sich in einem bestimmten Bereich bewährt haben, für die Verbesserung der Selbst- und Menschenkenntnis zu nutzen.

Wenn im Coaching versucht wird, Methoden und Trainingsansätze aus dem Leistungssport auf die Weiterbildung zu übertragen und deren Sinnhaftigkeit und Zweckmäßigkeit für das

Führungskräftecoaching zu erläutern, besteht das Ziel nicht darin, einen Manager oder eine Führungskraft zu einem Weltmeister im – zum Beispiel – Weitsprung zu entwickeln. Vielmehr steht das Vorhaben im Mittelpunkt, Erkenntnisse aus dem sportlichen Bereich auf ihre Brauchbarkeit für andere Bereiche abzuklopfen. Genauso verhält es sich mit Profiling: Es kann hilfreich und nützlich sein, Methoden und Verfahren, die von FBI und Kripo genutzt werden, auf die Kundenkommunikation, die Mitarbeiterführung und das Mitarbeiterrecruiting zu übertragen.

Das erinnert uns an das Fußballweltmeisterschafts-Sommermärchen in Deutschland. Die Motivationsansprachen des Bundestrainers Jürgen Klinsmann gingen damals um die Welt. In enthusiastisch-motivierenden Worten kitzelte der Fußballtrainer damals Höchstleistungen aus den DFB-Fußballern heraus. Klinsmann und sein Trainerstab wurden seinerzeit unter anderem von dem Sportpsychologen und Mentalcoach Hans-Dieter Hermann beraten. Er hat entscheidend zum Gelingen des Fußball-WM-Sommermärchens beigetragen. In einem Interview äußerte der Sportpsychologe (Hermann 2008, S. 133) die Meinung, jeder könne mehr leisten als er glaubt. Um brachliegende Potenziale zu aktivieren, müsse man jedoch trainieren und üben, üben, üben: „In erster Linie trainieren wir kognitive Fertigkeiten, also das Verarbeiten und den Umgang mit Informationen. Konzentration auf den Punkt, eine Situation neu bewerten, umschalten, es geht auch um Selbstbewusstsein, den Stresslevel, kurzfristige Selbstmotivation nach Fehlern. Der Kopf kann sozusagen erst wirklich gut mitspielen, wenn die wichtigsten Situationen und Abläufe zum Abruf bereitstehen.“

Das liest sich wie eine Handlungsanleitung für den erfolgreichen Verkäufer oder einen Topmitarbeiter oder eine Spitzenführungskraft.

Entscheidend ist, Erkenntnisse, die sich bewährt haben, zu übertragen und – in diesem Fall – Profiling-Methoden für die Persönlichkeitsdiagnostik zu nutzen, um einen besseren kommunikativen und emotionalen Zugang zu anderen Menschen zu finden.

Dies betont auch einer der Pioniere der Arbeits- und Organisationspsychologie und Experte für Eignungsdiagnostik, Heinz Schuler. Er führt in einem Interview aus: „So wie eine medizinische Diagnose als Grundlage für eine Therapie erforderlich ist, ist auch die psychologische Diagnose die Grundlage für persönliche Beratung und Personalentscheidungen. Und wie in der Medizin sind nachfolgende Maßnahmen nur dann wirksam, wenn die Diagnose stimmt.“ (Schuler 2018, S. 14) Es wäre nun höchst unsinnig, Heinz Schuler vorzuwerfen, er wolle evidenzbasierte medizinische Verfahren in das Personalmanagement einführen.

Betrachten Sie die hier vorgestellten Methoden immer als Einstieg in die Gedanken- und Vorstellungswelt eines anderen Menschen. Die dabei gewonnenen Erkenntnisse müssen immer im dialogisch-kommunikativen Austausch verifiziert werden.

Darum haben diese Methoden nichts damit zu tun, andere Menschen auf irgendeine Art und Weise manipulieren zu wollen, damit sie sich so verhalten, wie wir uns das wünschen. Das wäre tatsächlich unseriös und nicht in unserem Sinn. Uns geht es darum, dass Sie sich selbst besser verstehen und feststellen können, mit wem Sie es zu tun haben. Wir wollen einen Beitrag leisten für die bessere Verständigung zwischen den Menschen, für eine effektivere Kommunikation und für das Verständnis für die Stärken und Schwächen, die jeder von uns hat. Wenn es gelingt, andere Menschen so zu behandeln, wie sie selbst behandelt werden möchten, trägt dies zur Zufriedenheit und zum Glück der beteiligten Menschen bei. Es besteht zumindest die Möglichkeit, die Welt ein kleines Stückchen besser zu machen.

Vertrauensaufbau als Basis

Eine Grundlage von Profiling³ ist der vertrauensvolle Beziehungsaufbau zwischen den Menschen. Der Vertrauensaufbau führt zu einer gelungeneren Kommunikation zwischen den Menschen. 2018 wurde in den Medien intensiv diskutiert, ob Personaler etwas von Profilern lernen könnten. Die Antwort lautete meistens „Nein!" Nur ein Beispiel: Uwe P. Kanning (Kanning 2018) erläuterte in einer Kolumne mit dem irritierenden Titel „Von der Triebtätersuche zur erfolgreichen Personalauswahl": „Das Prinzip ist altbekannt: Im Personalwesen lässt sich so ziemlich jede Methode vermarkten, sofern sie mit mindestens einem Bein tief in der Küchenpsychologie steckt." Und weiter hieß es: „Wer als Personaler ernsthaft glaubt, er könne von geheimnisvollen Profilern etwas über gute Personalauswahl lernen, der hat offenbar seine Hausaufgaben nicht gemacht."

Beim Profiling, wie wir es verstehen, geht es um etwas vollkommen anderes. Profiling³ erhebt keinen Allgemeingültigkeitsanspruch. Der Ansatz eröffnet vielmehr einen Weg, sich der Persönlichkeit und dem Wesen eines Menschen anzunähern. Es geht um die Fokussierung und die Konzentration auf das Gegenüber und den Gesprächspartner, um sensibel und mit Fingerspitzengefühl herauszufinden, wer man selbst ist und wer der andere ist. Die Ziele dabei lauten: Vertrauen schaffen, Vertrauen aufbauen, Vertrauen rechtfertigen.

Profiling[3] weitet den Blickwinkel und ermöglicht den Vertrauensaufbau, indem es gelingt, die eigene Persönlichkeit und die Persönlichkeit, den Charakter und die Mentalität eines anderen Menschen besser einzuschätzen.

Darum geht es – nicht um mehr, aber auch nicht um weniger. Das verdeutlicht die folgende Geschichte von Oliver:

Der Lolli-Olli

Als Trainer und Coach arbeite ich mit ATP- und WTA-Tennisprofis zusammen. Und bereits mit ungefähr zwölf Jahren begann ich, Kinder zu trainieren und ihnen Tennisunterricht zu geben. Natürlich machte ich mir damals Gedanken darüber, wie ich die Kinder dazu bewegen konnte, fleißig mitzumachen und ordentlich zu trainieren und mir zu vertrauen. Das Problem mit der Motivation ist ja keine Erfindung der Neuzeit. Als kleinen Anreiz und Motivationsbonbon kaufte ich damals einige Lollis, um sie den Kindern zu schenken. Dies geschah in aller Unschuld und klappte toll – rasch hatte ich den Spitznamen Lolli-Olli weg.

Das funktionierte übrigens nicht bei allen Kindern, manche ließen sich dann doch eher zum fleißigen Training animieren, weil sie das Tennisspiel um seiner selbst willen liebten. Oder weil sie es mochten, in der Gruppe und im Team zu trainieren, also gemeinsam mit Kameradinnen und Kameraden etwas auf die Beine zu stellen.

Jedenfalls sprach sich mein Talent als Jungtrainer herum, die Kinder erzählten zu Hause, mit wie viel Spaß sie bei der Sache seien und wie viel sie lernten. Kein Wunder also, dass zunächst einige der Mütter, dann auch so manche Väter bei mir auftauchten und bei mir Trainingsstunden einkauften – da war ich dann natürlich schon etwas älter.

Ich merkte rasch, dass es unter motivatorischen Gesichtspunkten hilfreich war, insbesondere den Müttern genau zuzuhören und sich auf die Geschichten, die sie mir erzählten, einzulassen. Heute sage ich, dass diese Tennisschülerinnen den Beziehungsaufbau brauchten, um Vertrauen zu mir zu fassen und sich engagiert mit den Tennislektionen zu befassen. Die sensible Zuwendung half dabei, dass sie dann mit Fleiß und Begeisterung auf der roten Asche der gelben Filzkugel hinterher jagten.

Bei den Männern wiederum verhielt es sich ganz anders. Diese Tennisnovizen wünschten sich vor allem, in den Übungen an ihre körperlichen Leistungsgrenzen zu gehen, sie wollten sich auspowern und so richtig ins Schwitzen kommen. Hier halfen natürlich keine Lollis weiter, und auch der Beziehungsaufbau durch genaues Zuhören stellte meistens ein eher ungeeignetes Mittel dar, um die erwachsenen Tennisväter zu motivieren. Aber ihr Vertrauen musste ich natürlich trotzdem gewinnen – eben nur mit anderen Mitteln, etwa indem ich sie mit meiner Tenniskompetenz überzeugte.

Und Sie können sich vorstellen, dass bei den Tennisstars, mit denen ich heutzutage als Coach und Trainer zu tun habe, wiederum andere Motivatoren eine Rolle spielen.

Was ich also sehr früh – zu Beginn natürlich auf einer unbewussten Ebene – gelernt habe: Es bedarf immer einer spezifischen und individuellen Zuwendung, um sich den Zugang zu einem Menschen zu erschließen, sein Herz zu gewinnen und eine auf Vertrauen basierende Beziehung zu ihm aufzubauen. Dabei machte es schon einen Unterschied, wen ich trainierte, ob die Kinder oder die Erwachsenen, ob die Väter oder die Mütter. Oder um es auf den Punkt zu bringen: Für den vertrauensvollen Beziehungsaufbau ist das Wissen hilfreich, wie man selbst tickt und auf andere wirkt und vor allem, wie der andere tickt. Darum ist es richtig, eine auf den jeweiligen Menschen zugespitzte

Strategie zu wählen, um das Tor zu seiner Motivations- und Emotionswelt aufzustoßen. Für den Lolli-Olli galt: Hatte ich den Schlüssel zu diesem Tor gefunden, gelang die Zusammenarbeit im Training derart exzellent, dass alle Beteiligten glücklich und zufrieden waren.

Von Profilern lernen: das Bonding

Sie wissen jetzt, dass Profiling[3] auf dem Vertrauensaufbau und den Antworten auf die drei Kernfragen „Wer bin ich?“, „Wie ticken die anderen?“ und „Was mache ich daraus?“ basiert. Der Begriff „Profiling“ geht auf die Methoden zurück, die von Profilern beim FBI und der Kriminalpolizei (Kripo) angewendet werden. Das mag zunächst überraschen, aber: Gehört der Aufbau eines Vertrauensverhältnisses zum Beispiel in dem Verhör eines Verdächtigen nicht zu den kommunikativen Königsdisziplinen? Wem es gelingt, in einer äußerst schwierigen und komplexen Kommunikationssituation ein Vertrauensverhältnis aufzubauen, darf als exzellenter Beziehungsmanager bezeichnet werden.

Das vom FBI eingesetzte Behavior Change Stairway Model setzt sich aus drei Stufen zusammen: Bonding (Bindungs- und Beziehungsaufbau), Mission und Influence. Diese feststehende Reihenfolge ist die Basis für erfolgreiche Gespräche. Nehmen wir das Beispiel „Verhandlungen“: Jede Verhandlung beginnt mit Bonding, worauf die Nennung der eigenen Mission erfolgt. Erst danach erfolgt die Stufe „Influence“ (Beeinflussung). Profiling[3] greift aus diesem Modell vor allem das Bonding heraus: Im Bonding-Prozess soll das Vertrauen des Gesprächspartners gewonnen werden, sodass dieser Informationen kommuniziert, die Ihnen eine Einschätzung erlaubt, was dieser Mensch wirklich will, was seine Ziele und Wünsche sind, seine Erwartungen und Bedürfnisse. Der Vertrauensaufbau führt dazu, dass sich Ihnen jener Mensch öffnet, Sie seine Persönlichkeit und Wünsche besser einordnen können und Sie ihm – im Verkauf – genau das Produkt oder die Dienstleistung anbieten können, mit der er seinen Bedarf und seine Wünsche befriedigen kann. Und als Führungskraft hilft Ihnen Bonding (als Beziehungsaufbau) bei Ihrer „Mission", den Mitarbeiter zu Spitzenleistungen zu motivieren. Indem er Ihnen Vertrauen schenkt und sagt, was ihn wirklich bewegt, können Sie Ihre Führungsarbeit konkret auf seine inneren motivatorischen Antreiber abstimmen und ihn dazu bewegen (Influence), noch bessere Kundengespräche zu führen.

Bonding hat zum Ziel, eine wechselseitige Beziehung aufzubauen. Hinzu kommt: Das Vertrauen des Gegenübers soll sein Misstrauen übertreffen. Dies ist für einen FBI-Vernehmungsbeamten eine Grundvoraussetzung, um vom Gesprächspartner Informationen zu erhalten, die ihm weiterhelfen. Und nun Hand aufs Herz: Sind Kunden, insbesondere Neukunden, und Interessenten, die im Akquisitionsprozess zu Kunden entwickelt werden sollen, nicht grundsätzlich eher misstrauisch? Wenn ein Verkäufer den Kunden länger kennt, wird sich das Verhältnis umkehren und der Vertrauensanteil zunehmen. Und irgendwann kann der Misstrauensanteil vielleicht vollkommen verdrängt werden. Aber zu Beginn der Beziehung zu einem Interessenten oder Neukunden ist das nicht der Fall. Bonding hilft, das Misstrauen zu überwinden.

Ein Verkäufer sollte darum in der Lage sein, eine Bindung aufzubauen, diese Beziehung zu erhalten und sie auch immer wieder zu erneuern. Denn das Vertrauen eines Kunden muss immer wieder aufs Neue erworben und legitimiert werden. Sie müssen sich des Vertrauens würdig erweisen. Und das gilt auch für Ihre Arbeit als Führungskraft im Umgang mit Ihren Mitarbeitern.

Mit „Active Listening“ und „Tactical Empathy“ Vertrauensaufbau forcieren

Nach dem vom FBI eingesetzten Behavior Change Stairway Model beruht der Vertrauensaufbau auf zwei grundlegenden Methoden: dem „Active Listening“ und der „Tactical Empathy“ (Rock 2016). Active Listening meint ein aktives uneingeschränktes Zuhören. Darum spielt die Zuhörkompetenz beim Profiling[3] eine enorm wichtige Rolle. Dabei geht es um mehr als nur das übliche aktive Zuhören. Ziel ist es, durch genaues Zuhören und gekonnte Fragetechnik in die Vorstellungswelt des Gesprächspartners einzutauchen, sich verstehend, mitfühlend und nachfühlend in dessen Wertewelt zu versenken.

Wahres Active Listening bedeutet nach dem Konzept des Profiling[3], über ein aufnahmefähiges Bewusstsein zu verfügen, durch das ein wahrhaftiges innerliches Beteiligtsein an dem, was ein anderer Mensch fühlt und denkt, überhaupt erst möglich wird. Dazu ist es notwendig, die traditionell-klassischen Techniken des aktiven Zuhörens und des Fragens zu beherrschen. Das heißt: Sie sind in der Lage, auch einmal zu schweigen, den Gesprächspartner ausreden zu lassen sowie bestätigende kurze Äußerungen und entsprechende nonverbale Signale einzustreuen. Sie können seine Äußerungen mit eigenen Worten wiederholen und mit anderen Ausdrücken umschreiben. Nach Hermann Rock (Rock 2016) helfen neben offenen Fragen, dem konzentrierten Zuhören und dem taktischen Schweigen sogenannte „Active Listening Statements“ dabei, Vertrauen aufzubauen und auf diese Weise relevante Informationen zu erhalten. Active Listening Statements sind nach Hermann Rock zum Beispiel:

- Äußerungen der minimalen Zustimmung („Minimal Encourages“): „ah“, „ooh“ oder „uuh“,

- das Wiederholen von Worten oder Satzteilen („Mirroring“),
- inhaltliche Zusammenfassungen („Paraphrasing“),
- die Wiederholung der geäußerten Emotionen („Emotional Labeling“) und
- die Wiederholung des kommunizierten Inhalts und der Emotionen („Summarizing“).

Sie bespielen mithin die gesamte Klaviatur des aktiven Zuhörens. Dann jedoch gehen Sie mithilfe von Profiling^3 den entscheidenden Schritt weiter: Sie sind innerlich beteiligt an dem, was in Ihrem Gesprächspartner vor sich geht, Sie zeigen im Gespräch mitfühlende Empathie, Sie stellen wertschätzende Fragen, indem es Ihnen gelingt, genau die Fragen zu formulieren, die den Gesprächspartner tief in seinem Innersten bewegen. Dabei kommt die zweite der erwähnten grundlegenden Methoden ins Spiel, die das FBI beim Bonding anwendet: die „Tactical Empathy“. Damit ist gemeint, dem Gesprächspartner zu verstehen zu geben, dass Sie an dessen Stelle genauso oder ähnlich gehandelt hätten und mit ihm mitfühlen. Eine typische Äußerung in diesem Zusammenhang ist nach Hermann Rock eine Aussage wie: „Ah, jetzt verstehe ich Sie, wenn ich an Ihrer Stelle wäre, würde ich das wohl auch so sehen.“ Dies ist nur möglich, wenn Sie die Persönlichkeitsstruktur des anderen Menschen einschätzen und beurteilen können. Im vierten Kapitel beschreiben wir eine Methode, mit der Ihnen dies gelingt. Hier wollen wir zunächst einmal betonen:

Mit Profiling^3 bauen Sie Vertrauen auf und erhalten zutreffende Informationen darüber, welche Gefühle, Emotionen, Gedanken, Motive, Einstellungen und Absichten sich hinter den verbalen und nonverbalen Verhaltensweisen eines Menschen verbergen. Sie können einschätzen, welche persönlichkeitstypischen Denk- und Verhaltens-

muster er hat und beurteilen, welche Glaubens- und Wertesysteme sowie Gewohnheiten und Überzeugungen für ihn von besonderer Bedeutung sind.

Die innersten Motive und Antreiber erkennen

Profiling[3] setzt voraus, dass Sie Menschen wahrhaft mögen und bereit sind, sich vollends mit der jeweiligen Persönlichkeit Ihres Gesprächspartners zu beschäftigen. Wer das Vertrauen eines anderen Menschen gewonnen hat, ist in der Lage, im Gespräch und Kontakt mit ihm dessen Motive und Antreiber zu erkennen, also zu analysieren, was ihn im tiefsten Inneren bewegt. Dabei gilt: Menschliches Handeln und menschliche Verhaltensweisen werden bestimmt von verschiedenen zugrundeliegenden Handlungsmotiven, also Antreibern, welche auf persönlichen Werten und Zielen gründen. Das heißt: Wenn Sie die Werte kennen, die einen Menschen antreiben, können Sie seine handlungsleitenden Ziele analysieren und ihn zu einer bestimmten Handlung motivieren. Nehmen wir ein Beispiel aus dem Führungsalltag: Wenn Sie wissen, dass der Mitarbeiter Schmitz stark sicherheitsorientiert denkt, der Wert „Sicherheit" für ihn eine bedeutende Rolle spielt, können Sie ihn nicht zu etwas bewegen, indem Sie ihm versprechen, eine Veränderung in seinem Verantwortungsbereich eröffne ihm „tolle und kreative Chancen, Neues auszuprobieren". Im Gegenteil – so er- und verschrecken Sie ihn eher. Vielmehr sollten Sie betonen, dass jene Veränderung zum Fortbestand des Unternehmens oder der Abteilung beiträgt und darüber hinaus Arbeitsplätze langfristig und nachhaltig sichert. Damit kommen Sie seinem Sicherheitsdenken entgegen.

Wie wichtig es ist, die inneren Antreiber und Motive eines Menschen einzuschätzen, zeigt die folgende Oliver-Story.

„Denken ist nicht dein Ding!"

Wie die meisten Menschen hatte auch ich früh mit Vorurteilen, Kategorisierungen und Schubladendenken zu kämpfen. Dabei will ich gar nicht ausschließen, dass auch ich hin und wieder zu Einordnungen von Menschen in Schubladen tendiere. Bekanntlich sollte man sich immer erst an die eigene Nase fassen ...

Als ich mein Abitur baute, wollte ich mich bei der Organisation, Planung und Durchführung der Abiturfeier engagieren. Die Veranstaltung moderieren, das war „mein Ding", zudem wollte ich an der Gestaltung der Abiturzeitung mitwirken und einen Aufsatz zur Geschichte meiner Schule verfassen.

Meine Freundinnen und Freunde waren von meiner Moderatorenidee hellauf begeistert. Anders sah es bei meinem Engagement als Schreiberling aus: „Theorie, Olli? Intellektueller Hochleistungssport? Das passt nicht zur dir!" Das Ganze gipfelte in dem nicht nur lustig gemeinten Ausspruch: „Denken, das ist nicht dein Ding, Olli!" Und als ich mich dann später zu einem Psychologiestudium entschloss, hieß es wieder: „Du musst BWL studieren, etwas Staubtrockenes. Aber Psychologie? Das ist nun wirklich nicht dein Ding!"

Spätestens ab diesem Zeitpunkt war für mich klar: In menschlichen Beziehungen muss Schubladendenken vermieden werden. Weg mit den Schablonen. Jeder Mensch ist einzigartig und ein Individuum und es darum wert, dass man sich intensiv mit ihm und seinen Emotionen, Werten und Überzeugungen beschäftigt. Dabei kommt es nicht auf Äußerlichkeiten an. Entscheidend ist, den inneren Antreibern auf die Spur zu kommen. Es lohnt sich herauszufinden, welcher Wert oder welche Werte für einen Menschen die bedeutsamsten sind. Und meistens ist es nicht ein Motiv, sondern es sind mehrere Motive, die einen Menschen antreiben.

Sicherlich, ich wollte seinerzeit als Moderator die Menschen begeistern und überzeugen, ein gewisser Hang zur Selbstdarstellung ist mir auch heute nicht abzusprechen. Es gefällt mir, voranzugehen, andere Menschen zu führen, sie moderierend anzuleiten und unterstützend in eine bestimmte Richtung zu entwickeln. Ebenso wichtig aber ist es für mich, mit eigenständigen Gedanken auf der intellektuellen Ebene zu überzeugen. Und mein Tennisunterricht bereits in jungen Jahren zeigte überdies: Meine Verhaltensweisen waren und sind oft geprägt durch den Antrieb, anderen Menschen zu helfen und sie dabei zu unterstützen, ihre Talente zu nutzen.

Abschied vom Schubladendenken: die sechs Antreiber

Schubladendenken entsteht meistens, wenn wir einen Menschen nur ausschnittsweise kennenlernen – oft auch: nur ausschnittsweise kennenlernen wollen! – und beurteilen. Wir greifen uns einen Aspekt seiner Persönlichkeit oder eine seiner Eigenschaften heraus und beurteilen auf dieser Grundlage den ganzen Menschen. Vermeiden Sie es, dem aus der Sozialpsychologie bekannten Halo-Effekt aufzusitzen. Wichtig sind vielmehr die Gesamtschau, der gesamtheitliche Blick auf den ganzen Menschen aus mehreren Perspektiven. Ebenso bedeutsam ist die Kompetenz, aus den Gesprächen und Kontakten mit einem Menschen und anderen Beobachtungen Rückschlüsse auf das Motiv oder die Motive zu ziehen, die ihn antreiben. Und das wiederum wird erleichtert durch Modelle, die uns diese Einschätzung überhaupt erst ermöglichen. Dabei müssen diese

Modelle einen Rahmen bieten, der so flexibel ist, dass Schubladendenken unmöglich ist.

Es gibt zahlreiche solcher typologischen Modelle – zu den renommierten und bewährten Erklärungsmodellen menschlichen Verhaltens gehört das INSIGHTS MDI®-Modell, das wir Ihnen im vierten Kapitel noch ausführlich vorstellen werden. An dieser Stelle genügt der folgende Hinweis: Mit dem INSIGHTS MDI® PIW-Modell (PIW heißt: Persönliche Interessen, Einstellungen und Werte) lassen sich die persönlichen Werte eines Menschen bestimmen.

Das INSIGHTS MDI® PIW-Modell hilft Ihnen, Ihre persönliche Werte und die eines anderen Menschen einzuschätzen. Es dient damit der Selbst(er)kenntnis und der Menschenkenntnis.

Nach dem Modell gibt es sechs verschiedene Antreiber, die der Motivation von Menschen zugrundeliegen:

Theoretisches Motiv

Wichtig für derart motivierte Menschen sind:

- intellektuelle Prozesse
- Wissensdrang
- hohe Fachkompetenz
- Wahrheitsdrang
- Streben nach Objektivität, Sachlichkeit und Systematik
- Empirische Vorgehensweise
- Informationsbegeisterung

Unser **Kernsatz** lautet: Für Personen, für die das Theoretische Vorrang hat, sind der Wissensdrang sowie der Intellekt von höchster Priorität. Dabei werden Probleme stets direkt und sachlich angegangen.

Ökonomisches Motiv

- Unternehmertum
- Nutzenorientierung
- Interesse an materiellen Dingen
- Ertrag und Effizienz
- Streben nach finanzieller Unabhängigkeit, auch bezüglich der Menschen, zu denen eine enge Beziehung (Familie) besteht
- Pragmatisches Handeln

Kernsatz: Ein Mensch, der ökonomisch motiviert ist, nutzt alle möglichen Ressourcen und legt eine pragmatische Haltung an den Tag, wobei sein Handeln hauptsächlich darauf ausgerichtet ist, im Ergebnis einen Ertrag zu erzielen. Dabei ist die Effizienz von höchster Wichtigkeit.

Ästhetisches Motiv

- Selbstverwirklichung
- Genuss
- Interesse an „schönen" Dingen
- Streben nach Harmonie
- Motivation durch inspirierende Erlebnisse/Menschen/Dinge
- Streben nach Potenzialentwicklung

Kernsatz: Für ästhetisch motivierte Menschen stehen die Selbstverwirklichung und der Genuss vorne an. Sie beurteilen

Menschen und Dinge stets subjektiv und lehnen alles Negative ab.

Soziales Motiv

- Selbstlosigkeit und Uneigennützigkeit
- Gemeinwohl im Fokus
- Innerer Drang, anderen zu helfen
- Interesse am Wohlergehen der Menschen

Kernsatz: Ein sozial motiviertes Individuum zeichnet sich durch Selbstlosigkeit und großzügiges Geben in jeglicher Form aus. Dabei analysiert es im Vorfeld, ob es die Sache oder Person auch tatsächlich wert ist.

Individualistisches Motiv

- Wille zur Führung und zum Leadership
- Wille zur Macht
- Konkurrenz- und Positionsdenken
- Einfluss auf andere nehmen wollen
- Autonomiestreben
- Selbstständigkeit

Kernsatz: Individualistisch motivierte Menschen zeichnen sich durch Positionsdenken sowie die Anwendung von Führungsstrategien aus. Dabei steht ihr jeweiliges Ziel im Mittelpunkt – weniger die Mitmenschen.

Traditionelles Motiv

- unbeugsame Loyalität zur eigenen Tradition
- Konformitätsdenken

- Hat feste Überzeugungen und unumstößliche Prinzipien
- Prozessdenken
- Stark fokussiert auf Sinnsuche

Hier lautet unser **Kernsatz**: Eine zu Tradition tendierende Person verhält sich gegenüber der bestehenden Gesellschaftsform absolut loyal und will andere hartnäckig vom eigenen Denkmodell überzeugen. Ihre Lebensanschauung und Überzeugung gehen konform mit dem Willen, hierfür wenn nötig auch große Opfer zu bringen.

Die erste Abbildung – siehe nebenstehend – zeigt die Anordnung der sechs Antreiber auf dem Motivationsrad, die zweite Abbildung – siehe Seite 34 – die Dimensionen der Antreiber, die sich wie folgt darstellen:

- Theoretischer Antreiber: Die Dimensionen lauten „instinktiv" und „intellektuell".
- Ökonomischer Antreiber mit den Dimensionen „idealistisch" und „effizienzgetrieben".
- Ästhetischer Antreiber: Die Dimensionen heißen „objektiv" und „harmonisch".
- Sozialer Antreiber mit den Dimensionen „eigennützig" und „altruistisch".
- Individualistischer Antreiber: Die Dimensionen sind hier „kooperativ" und „machtorientiert".
- Traditioneller Antreiber mit den Dimensionen „aufgeschlossen" und „prinzipientreu".

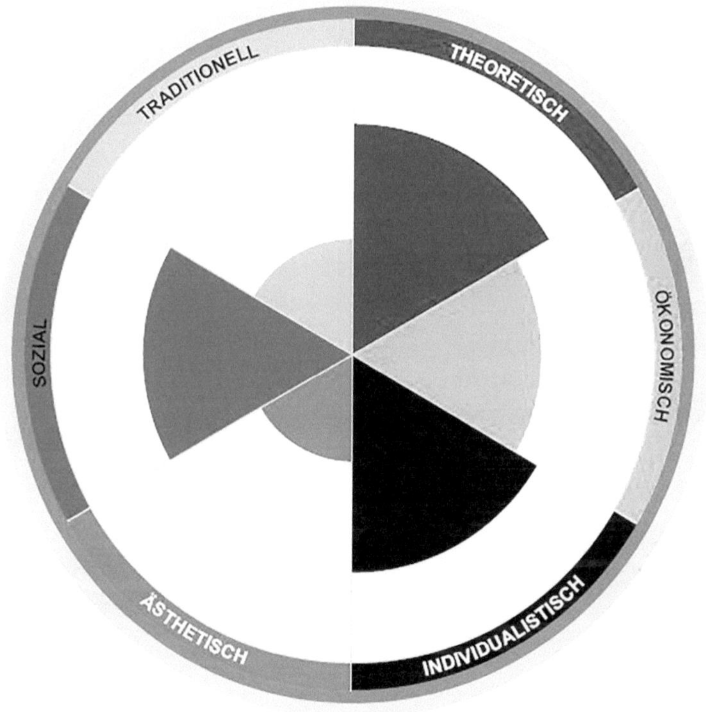

Abbildung 1: Das INSIGHTS MDI®-Motivationsrad

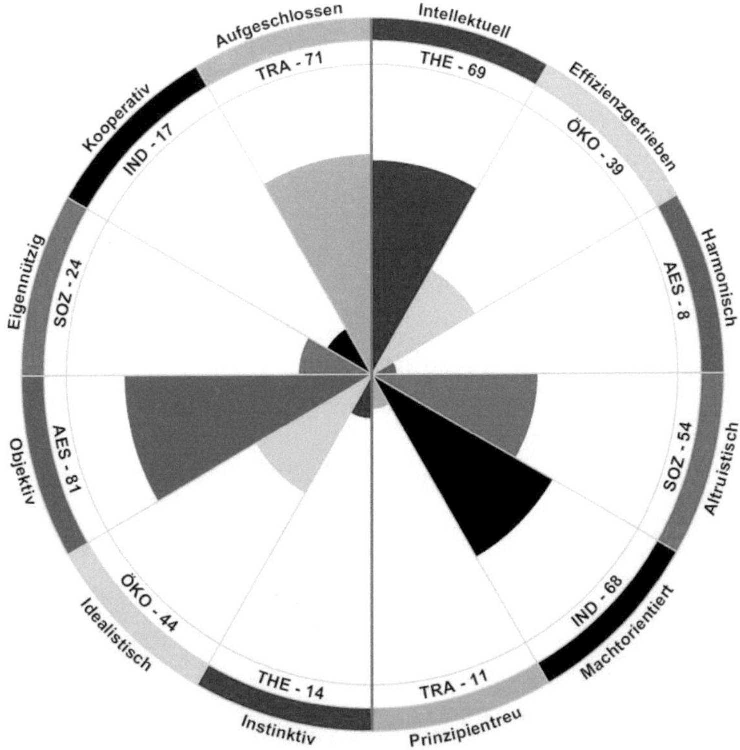

Abbildung 2: Die sechs Antreiber und ihre gegenüberliegenden Dimensionen (sechs Antreiber in jeweils hoher und niedriger Ausprägung)

Wer die Antreiber und Motivatoren erkennen kann, bringt mehr Verständnis für sich selbst und andere Menschen auf, und zwar auch für Personen, die uns eigentlich nicht so liegen oder gegen die wir sogar eine Abneigung empfinden. Um die Unterschiede zwischen den Motivatoren nochmals auf den Punkt zu bringen:

- Ein ökonomisch motivierter Mensch tätigt jede Investition, die sich bezahlt macht, während der Theoretiker alle seine Sinne nutzt, um zu systematisieren und den Wahrheitsgehalt einer Sache oder einer ihm anvertrauten Arbeit zu erfassen.
- Ein ästhetisch motivierter Mensch kann und wird sein volles Potenzial nur in der Harmonie mit sich zum vollen Ausdruck bringen, während der soziale Mensch sozusagen sich selbst in andere investiert.
- Ein individualistisch motivierter Mensch schließlich will die absolut höchste Position und Macht erreichen, während der traditionell Motivierte nach dem höchsten Sinn in seinem Leben strebt.

Antreiber durch kluge Fragen erkennen

Stellen Sie sich einmal vor, Sie wären in der Lage, anhand der Körpersprache, der Stimme und der gewählten Worte – also der verbalen und der nonverbalen Signale – die bestimmenden Werte und Antreiber eines Gegenübers zu erkennen. Mithilfe der anderen fundamentalen Grundlage des Konzeptes Profiling³ gelingt es Ihnen, ein Vertrauensverhältnis aufzubauen und auf Ihre Fragen authentische Antworten zu erhalten. Nach und nach ist es Ihnen möglich, jene Antreiber zu erkennen und Ihr Vorgehen – als Verkäufer, Führungskraft oder Recruiter in der Personalabteilung – der Persönlichkeit des anderen Menschen anzupassen. Sie erfahren immer mehr von ihm, können Ihre Ziele und Ihr Vorgehen darauf abstimmen und den Menschen schließlich dazu bewegen, als Kunde zu kaufen oder als Mitarbeiter Höchstleistungen am Arbeitsplatz zu erbringen. Zudem erkennen Sie, ob ein Bewerber zu Ihrem Unternehmen, zu Ihnen und zu einer vakanten Position passt oder nicht. Wir zeigen Ihnen, vor allem ab Kapitel 5 – wie Ihnen all dies mithilfe von

Profiling[3] gelingt. Sie können dann auf die eigene und die individuelle Persönlichkeit eines Gesprächspartners angemessen reagieren und zu sich selbst und anderen Menschen bessere Beziehungen entwickeln. Und durch die bessere Einschätzung der Wirkung Ihres eigenen Verhaltens auf andere Menschen gehen Sie feinfühliger mit sich und anderen um.

Die Kernfrage dabei ist, wie es Ihnen gelingt, die Antreiber eines Menschen zu identifizieren, den Sie noch nicht näher kennenlernen konnten.

Dies ist zum Beispiel bei Interessenten, Neukunden, neuen Mitarbeitern und Bewerbern der Fall. Unserer Erfahrung nach lassen sich die inneren Antreiber mithilfe bestimmter Fragen zumindest eingrenzen. Dabei bilden die sechs Antreiber zwölf Dimensionen aus, da sie entweder eher mehr oder eher weniger vorhanden sein können. Es gibt also stets Tendenzen in die eine oder andere Richtung. Die Fragen sollten immer positiv formuliert werden. Um den oder die bestimmenden Antreiber zu ermitteln, können Sie intuitiv im Hinblick auf den ersten Eindruck, den ein Gesprächspartner auf Sie macht, zum Beispiel fragen:

- „Ich sehe, Ihnen ist das Wohl anderer Menschen sehr wichtig?" (Hinweis auf sozialen Antreiber)
- „Ihre Kleidung wirkt sehr geschmackvoll aufeinander abgestimmt. Spielen schöne Dinge in Ihrem Leben eine große Rolle?" (Hinweis auf ästhetisches Motiv)
- „Sie verfügen über eine gute Bildung, wie ich Ihrem Lebenslauf entnehmen kann ... Wie wichtig ist es Ihnen, gut informiert zu sein?" (Hinweis auf theoretisches Motiv)
- „Es scheint, als ob Sie viel Wert auf Ihre Einzigartigkeit und Individualität legen. Wie wichtig ist es Ihnen, sich von

anderen Menschen abzuheben?" (Hinweis auf individualistischen Antreiber)

- „Sie wirken sehr traditionsbewusst. Wie wichtig ist es Ihnen, Traditionen zu wahren?" (Hinweis auf traditionellen Antreiber)
- „Eine gute finanzielle Basis ist heutzutage mit Sicherheit von hoher Bedeutung. Wie wichtig ist Ihnen Ihr finanzielles Wohlergehen?" (Hinweis auf ökonomisches Motiv)

Zudem können Sie das Ausschlussverfahren nutzen, um Antreibern auf die Spur zu kommen – auch dazu ein Beispiel: „Geld scheint nicht so wichtig zu sein, sehe ich das richtig?" Dies ist ein Hinweis darauf, dass bei dem Gesprächspartner kein ökonomisches Motiv vorliegt.

Auf der Suche nach dem Motiv

Selbstverständlich gibt es zahlreiche Mischformen wie ökonomisch/ästhetisch, sozial/individualistisch, ökonomisch/theoretisch, traditionell/sozial. Um die Antreiber und die Mischformen näher einzugrenzen, haben sich nach unserer Erfahrung die folgenden Fragen bewährt:

- „Erzählen Sie doch mal, was für Sie im Leben wichtig ist: Eher, dass Sie die Entscheidungen treffen oder eher, dies mit anderen Menschen gemeinsam zu tun?" (Eingrenzung/nähere Bestimmung des individualistisches Motivs)
- „Mich würde interessieren, wie Sie sich neue Dinge aneignen. Wie ist es zum Beispiel im Fitness-Studio – trainieren Sie nach einem ausgeklügelten Trainingsplan oder eher zum Spaß? Wie schaut das bei anderen Hobbys aus?"

(Eingrenzung/nähere Bestimmung des theoretischen Antreibers)

- „Stand bei Ihnen in der Vergangenheit eher das Geld an vorderster Stelle, das Sie verdient haben, oder eher die Tätigkeit an sich, und damit eher der Spaß oder die Freude an der Arbeit?“ (Eingrenzung/nähere Bestimmung des ökonomisch/ästhetischen Antreibers)
- „Mögen Sie Menschen, die das Geldverdienen an die erste Stelle in ihrem Leben stellen?“ (Eingrenzung/nähere Bestimmung des ökonomischen Antreibers)
- „Mögen Sie teure, schicke Sachen? Oder exklusive Reisen mit ein bisschen Luxus? Oder sind Sie eher der Abenteuer-Typ, der mit Rucksack und Zelt in die Welt hinauszieht?“ (Eingrenzung/nähere Bestimmung des ökonomisch/ästhetischen Motivs)
- „Nur weil es mich interessiert und Sie mich interessieren: Waren Sie mal Klassensprecher? ... Ja? Warum? ... Hatten Sie schon mal ein ‚Amt‘ inne?“ (Eingrenzung/nähere Bestimmung des sozial/individualistischen Antreibers)
- „Sind Sie schon oft umgezogen? Macht Ihnen das etwas aus oder finden Sie es spannend, immer wieder neu anzufangen und neue Leute kennenzulernen? ... Woher kommen Sie eigentlich? Möchten Sie an *einem* Platz Ihr ganzes Leben verbringen? ... Sind Sie ehrenamtlich in einem Verein aktiv?“ (Eingrenzung/nähere Bestimmung des traditionell/sozialen Antreibers)
- „Mit der Bitte um schnelle Antwort: Was ist Ihnen lieber: Geld verdienen oder Bücher lesen?“ (Eingrenzung/nähere Bestimmung des ökonomisch/theoretischen Motivs)
- „Auf einer Skala von 0 bis 10: Wie wichtig ist Ihnen Geld im Leben?“ (Eingrenzung/nähere Bestimmung des ökonomischen Antreibers)

- „Mir hat Lernen immer Schwierigkeiten bereitet und ich fand es langweilig. Wie war das bei Ihnen?“ (Eingrenzung/nähere Bestimmung des theoretischen Motivs)

Die Beispielfragen sollen Ihnen dazu dienen, auf der Grundlage eines „Anfangsverdachts“, der auf dem ersten Eindruck, dem äußeren Erscheinungsbild, der Kleidung, dem Auftreten oder der Gesprächsweise beruht, ein Gespräch in Gang zu setzen, in dessen Verlauf Sie das oder die bestimmenden Motive Ihres Gesprächspartners immer weiter konkretisieren können. Hinzu kommt: Sie sollten die Fragen der Gesprächssituation anpassen. Es ist ein Unterschied, ob Sie mit einem Interessenten/Neukunden, einem Mitarbeiter oder einem Bewerber sprechen. Dazu erfahren Sie mehr in den Kapiteln 5 bis 7. Wichtig an dieser Stelle ist die Betonung, dass der Vertrauensaufbau und das Erkennen Ihrer eigenen Antreiber und der Motive, die einen anderen Menschen bewegen, das Fundament bilden, auf dem das Konzept des Profiling^3 gründet. Und damit können wir uns nun der ersten der drei Kernfragen des Konzeptes widmen: „Wer bin ich?“

STOPP!

Sie haben erfahren: Es gibt den kognitiven, den ästhetischen, den ökonomischen, den sozialen, den individualistischen und den traditionellen Antreiber.

- Welche drei Antreiber sind bei Ihnen entscheidend? Und warum ist das so?
- Suchen Sie zu jedem der sechs Antreiber eine Beispielperson aus
  a) Ihrem Bekanntenkreis,
  b) Ihrem Kreis der Stammkunden,
  c) Ihrem Mitarbeiterteam.

Die Reflexion hilft Ihnen, in Ihren Gesprächen mit Interessenten/Neukunden, Mitarbeitern oder Bewerbern die jeweiligen Antreiber immer besser einzuschätzen.

Kapitelfazit

- Profiling³ dient der Selbst(er)kenntnis und der Menschenkenntnis und ist der Schlüssel zum Herzen anderer Menschen.
- Profiling³ gelingt es mithilfe der Persönlichkeitslehre, einen besseren kommunikativen und emotionalen Zugang zu sich selbst und zu anderen Menschen zu finden.
- Die elementaren Grundlagen des Konzeptes sind der vertrauensvolle Beziehungsaufbau und der Versuch, die inneren Antreiber eines Menschen zu identifizieren.
- Jeder Mensch ist ein einzigartiges Individuum. Mit Profiling³ ist es möglich, sich intensiv mit einem Menschen und seinen individuellen Emotionen, Werten und Überzeugungen zu beschäftigen.

KAPITEL 2

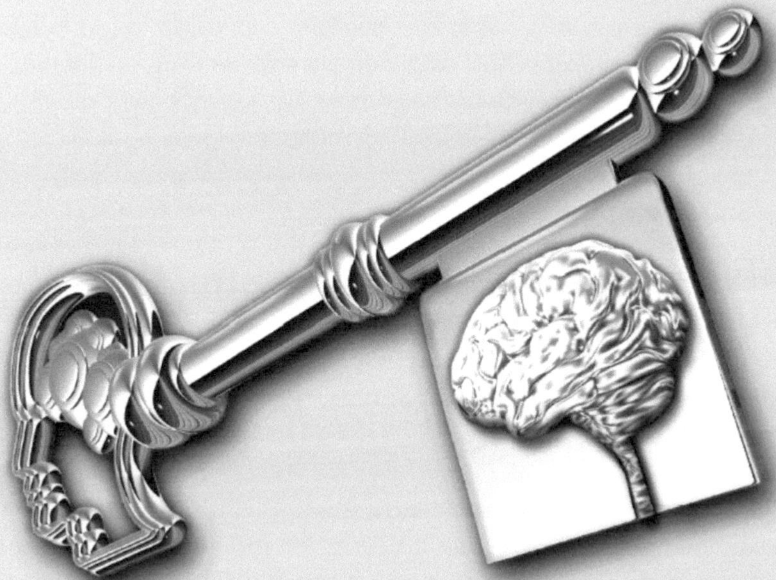

Profiling[1]: „Wer bin ich?“ Von den Vorteilen der Selbsterkenntnis

Wie tickt dieses Kapitel?

- Wir erläutern, warum es notwendig und bedeutsam ist, dass Sie Ihrer Persönlichkeit „auf die Spur kommen“ – auch mithilfe von Persönlichkeitsdiagnostik.
- Ihre Persönlichkeit ist durchaus veränderbar – Sie erfahren, inwiefern Ihnen Selbsterkenntnis hilft, Ihre Entwicklungspotenziale zu entdecken und zu nutzen.

Die eigenen Persönlichkeitsstrukturen kennen

Wer bin ich? Eine große Frage! Aber warum nur ist es so wichtig, dies zu wissen? In unseren Seminaren, Veranstaltungen und auf Kongressen und bei Vorträgen zur Persönlichkeitsdiagnostik und Persönlichkeitsentwicklung kommt es des Öfteren zu Diskussionen zu diesem Punkt. Dass es von großer Bedeutung ist, herauszufinden, wie der Gesprächspartner tickt und wie sich der Kunde, Mitarbeiter oder Bewerber in bestimmten Situationen verhält, ist für die meisten Menschen sofort einsichtig und nachvollziehbar. „Aber ist es wirklich notwendig zu wissen, ob ich zum Beispiel eher ein sicherheitsorientierter, entschlusskräftiger, beziehungsorientierter oder sachorientierter Mensch bin? Sollte ich mich nicht auf die Verbesserung meiner Menschenkenntnis konzentrieren?“

Diese Frage beantworten wir mit einem klaren „Ja“! Natürlich ist es sinnvoll, wenn Sie einschätzen können, wie Sie reagieren, wenn der mündige Kunde provoziert, der kritische Bewerber Fragen zum Unternehmen stellt oder sich der selbstsichere

Mitarbeiter querstellt und im Zielvereinbarungsgespräch widerspricht. Oft wenn es, wie im ersten Kapitel erwähnt, in einem FBI-Verhör darum geht, als Beamter ein Vertrauensverhältnis zu einem Verdächtigen aufzubauen. Zumal Ihre Selbstkenntnis Ihnen überdies genauen Aufschluss über Ihre Stärken und Schwächen und Ihre Potenziale gibt. Noch wichtiger sind Aussagen der Persönlichkeitsdiagnostik zu der Wirkung, die Sie auf andere Menschen, auf Ihre Gesprächspartner haben.

Wenn Sie wissen, wie Sie – mit hoher Wahrscheinlichkeit – von Ihrem Gegenüber wahrgenommen werden, können Sie bestimmte Verhaltensweisen verstärken und andere abmildern.

Zudem fällt es Ihnen leichter, Reaktionen von anderen Menschen auf Ihre Äußerungen und Ihr Verhalten zu verstehen.

Nehmen wir zur Verdeutlichung ein Beispiel aus dem Verkauf. Viele Verkäufer sind von Natur aus sehr dominant. Klar, sie wollen und sollen das Gespräch zum Abschluss führen. Dies kombinieren sie mit ihrer Fähigkeit, den Kunden zu begeistern. Allerdings: Es besteht die Gefahr, von manchen Kunden als jemand wahrgenommen zu werden, der doch eher überrumpeln, der überreden statt überzeugen will – und sich dabei noch nicht einmal scheut, sich auf der Beziehungsebene einzuschmeicheln. Natürlich: Nicht jeder Kunde wird dies so einschätzen, aber doch manche. Das kann für den Verkäufer fatale Folgen haben. Nun die gute Nachricht: Verkäufer, die wissen, dass sie als dominante Beziehungsmanager wahrgenommen werden, können sich darauf einstellen und – insbesondere bei bestimmten Kundentypen – frühzeitig Gegenmaßnahmen ergreifen und ihr Verhalten verändern oder anpassen.

In der Führung verhält es sich ähnlich. Auch Führungskräfte neigen häufig zu einem dominanten Führungsstil und Verhaltensweisen, die sie befähigen, voran zu gehen, auch als Vorbilder und Vorreiter. Auf der anderen Seite wird dieses Verhalten von vielen Mitarbeitern als zu direktiv empfunden. Wenn diese sich wünschen, eher mit Vereinbarungen, die im Konsens getroffen werden, statt mit strikten Vorgaben und unumstößlichen Anweisungen geführt zu werden, wird die dominante Führungskraft wohl keinen konstruktiven Zugang zu ihnen finden. Und wenn ein Mitarbeiter selbst ein dominanter Feuerkopf ist, wächst die Wahrscheinlichkeit, dass es zwischen den dominanten Persönlichkeiten – Chef hier, Mitarbeiter dort – gewaltig kracht.

Aber wie immer im richtigen Leben gibt es Gegenbeispiele. Wenn der dominante Chef vom ähnlich veranlagten Mitarbeiter Gegenwind erfährt und dieser der Führungskraft ordentlich Kontra gibt, findet der Chef das vielleicht gar nicht so schlecht: „Endlich mal kein Jasager, endlich mal jemand, der widerspricht und mit dem ich diskutieren kann!" Aber ganz gleich, welches Beispiel auf Sie zutrifft:

Es hilft Ihnen in so gut wie jeder Lebenslage zu wissen, wie Sie sind und wie Sie ticken! Das Wissen um die eigenen Persönlichkeitsstrukturen ist sehr nützlich, weil Sie dann einschätzen können, wie Sie auf andere wirken und von Ihnen wahrgenommen werden – und sich entsprechend verändern und anpassen können. Zudem sind Sie in der Lage, sich authentisch in Beziehungen zu anderen Menschen einzubringen, indem Sie sich so geben, wie Sie sind.

Wer bin ich? Nicht mein Vater!

Meine gesamte Familie war und ist IKEA-Fan. Darin waren wir uns einig – die Möbel sind einfach praktisch und klasse. Weniger einig waren mein Vater und ich uns, wenn es um den Aufbau eines IKEA-Möbelstücks ging. Wir haben uns dabei regelmäßig gestritten, verkracht und in den Haaren gelegen. Und das geschah leider ziemlich oft. Warum war das so?

Nun, mein Vater baute zum Beispiel den IKEA-Schrank nach Anleitung auf: das Paket öffnen, die Teile ordnen, prüfen, ob etwas fehlt, dann Schritt für Schritt vorgehen. Mir war das zu langweilig und spießig. Ich verließ mich lieber auf mein Bauchgefühl und meine Intuition. Das würde doch viel schneller gehen – und vor allem mehr Spaß machen! Wobei sich dann zuweilen zeigte, dass beide Wege zum Ziel führten, aber auch zu Problemen, wenn auch zu unterschiedlichen.

Worum es mir dabei vor allem geht: Hätte ich seinerzeit schon gewusst oder einschätzen können, dass unsere Streitigkeiten vor allem durch die großen Unterschiede in unserer jeweiligen Persönlichkeitsstruktur entstanden, weil wir also so unterschiedliche Typen waren – hier der „Schritt-für-Schritt-Aufbau“-Vater, dort der stürmische Sohn –, hätte uns das viel Ärger erspart. Wir hätten dann vielmehr unsere jeweiligen Stärken genutzt und eingesetzt, etwa indem mein Vater die unendlich vielen Möbelteile sortiert und strukturiert bereit gelegt und ich mithilfe meiner Intuition, Erfahrung und Begeisterung mehr Zeit und Energie in den Aufbau investiert hätte. Und vielleicht wäre ich dann sogar in der Lage gewesen, meinen Drang zur Impulsivität etwas zurückzufahren und mich anzupassen, um meinem Vater entgegen zu kommen.

So aber kam es, dass mein Vater nicht nur dachte, sondern zum Ausdruck brachte: „Oh je, was soll aus dem Jungen nur werden, der wird sich doch nie ändern und niemals im Leben strukturiert und planvoll etwas zu einem guten Ende bringen können!"

Wer weiß, wer er ist, kann sich auch ändern

Olivers Einsicht in die Bedeutung der Selbstkenntnis kam erst zu einem späteren Zeitpunkt, aber immer noch früher als bei anderen Menschen, die bis ins hohe Lebensalter nicht von der folgenden Überzeugung abrücken können: „So bin ich nun einmal, ich kann mich nicht verändern, das kann niemand von mir verlangen!"

Zudem zeigt die Story: Oliver wollte nicht so werden wie sein Vater. Diesen Generationenkonflikt kennen wir wohl alle. Und der Vater war der Meinung, der Sohn werde sich wohl nie ändern können. Wenn es aber stimmt, dass wir unsere Persönlichkeit nicht ändern, nicht an ihr arbeiten können: Was nutzt uns das Wissen, wer wir sind, wenn es um die Verbesserung der Beziehungen zu anderen Menschen geht? Wir könnten dann im Gespräch und im Kontakt mit anderen Menschen immer nur darauf achten, möglichst wenig Schaden anzurichten.

Nicht alle, aber doch viele Persönlichkeitspsychologen gehen allerdings von anderen Annahmen aus, zumindest, was die menschlichen Veränderungsmöglichkeiten angeht. Eine Persönlichkeit setzt sich demnach aus zahlreichen unterschiedlichen Persönlichkeitsmerkmalen zusammen, welche bewirken, dass wir Menschen als unterschiedlich oder ähnlich wahrnehmen und bezeichnen. Wir können davon ausgehen, dass sich die Persönlichkeit eines Menschen aus dem Zusammenwirken von angeborenen Dispositionen, Umwelt, Sozialisierungseinflüssen und individuellen Erfahrungen ergibt. Und darum lässt sich die menschliche Persönlichkeit durch Persönlichkeitsprofile beschreiben, die aufgrund der individuellen Zusammensetzung von Persönlichkeitseigenschaften entstehen. Mit dem INSIGHTS Management Development Instrument (MDI)®, das Sie im vierten Kapitel ausführlich kennenlernen werden, können mittlerweile über 60 individuelle Typen und über 500 Persönlichkeitsprofile beschrieben werden. In diesem Zusammenhang wollen wir betonen, dass es keine „besseren" oder „schlechteren" Persönlichkeitstypen, Persönlichkeitseigenschaften oder Persönlichkeitsprofile gibt: Es geht nicht um eine Wertung. Es geht vielmehr darum, die eigenen Stärken und Schwächen und die unterschiedlichen Stärken, Schwächen sowie das So-Sein anderer Menschen zu erkennen und anzuerkennen und damit dann richtig umzugehen.

Doch zurück zu der Frage, ob es überhaupt möglich ist, eine Persönlichkeit zu verändern oder ob sie vielmehr unveränderlich ist. Wir wollen Sie an dieser Stelle nicht mit einem persönlichkeitspsychologischen Exkurs traktieren - darum nur so viel: In der Vergangenheit wurde angenommen, dass einmal stattgefundene neuronale Verschaltungen und synaptische Verbindungen im Gehirn tatsächlich unveränderlich seien. Mittlerweile tendiert die Forschung zu der Ansicht, das menschliche Gehirn sei - wir nennen das Neuroplastizität oder neuronale Plastizität - dauerhaft lernfähig und verändere sich gemäß seiner Inanspruchnahme. „Die neuesten Erkenntnisse der Neurobiologie", so Roland Ballier und Susanne Wendel, „zeigen, dass das Gehirn zeitlebens programmierbar und veränderbar ist und lebenslanges Lernen nicht nur möglich, sondern auch wichtig ist." (Ballier, Wendel 2010, S. 9)

Sowohl die Struktur als auch die daraus resultierenden Funktionen des menschlichen Gehirns hängen demnach entscheidend davon ab, wie und wozu das Gehirn genutzt wird, und ebenso davon, in welcher Art und Weise es in der Vergangenheit von einem Menschen genutzt wurde. Neurobiologen wie Gerald Hüther gehen davon aus, dass das individuelle Erleben einer Person Einfluss auf die Struktur des Gehirns hat und somit auch Veränderungen hervorrufen kann. Im Verlauf eines Lebens gemachte Erfahrungen werden „strukturell im Gehirn verankert" (Hüther 2016, S. 18). Entscheidend für unseren Zusammenhang ist mithin:

> ***Das menschliche Gehirn ist lernfähig. Wenn Sie Ihre Persönlichkeitseigenschaften besser kennen und daran etwas verändern möchten, um sich zum Beispiel im Gespräch mit Bewerbern, Kunden und Mitarbeitern so zu verhalten, wie es der Persönlichkeit des Gesprächspartners entspricht, so ist dies möglich.***

Wir sind keine Gefangenen unserer Gene oder Prägungen, sondern wir können uns durchaus anpassen. Die oben zitierte Ausrede „So bin ich nun einmal, ich kann mich nicht verändern, das kann niemand von mir verlangen!" – sie gilt nicht mehr! Nach neueren Forschungen im Bereich der Psychologie (vgl. Specht 2018) verändert sich unsere Persönlichkeit in Intervallen, die eingeleitet werden können durch externe oder interne Einflüsse und auch durch individuelle Erfahrungen. Die meisten Persönlichkeitstheorien gehen davon aus, dass wir Menschen verschiedene Phasen der Persönlichkeitsentwicklung durchlaufen. Aus Erfahrungen zu lernen stellt für den weiteren Verlauf unseres Lebens die größte Hilfe dar, um schwere Lebenssituationen zu bewältigen. Ballier und Wendel bringen es auf den Punkt: „Es werden wie bei einem riesengroßen Lego-Baukasten viele verschiedene Steinchen bereitgestellt, die in unendlichen Kombinationen zusammengebaut werden können. Was ein Mensch daraus macht, wie er die Steinchen verwendet und zusammenbaut, kann sehr unterschiedlich sein, es hängt von der Erziehung ab, dem Umfeld, den persönlichen Beziehungen und Erfahrungen und eben den eigenen Entscheidungen." (Ballier, Wendel 2010, S. 17)

Verbesserungspotenziale entdecken und nutzen

Persönlichkeitsdiagnostiktools dienen nicht allein der Analyse der Persönlichkeit, sondern geben darüber hinaus Hinweise auf konkrete Veränderungsmöglichkeiten. Des Weiteren lassen sie Rückschlüsse auf brachliegende Verbesserungspotenziale zu: Sie erkennen Ihre Stärken, aber auch Schwächen, die Analyse zeigt Ihnen, welche Stärken Sie stärken und welche Schwächen Sie abmildern können. Allerdings: Es gibt auch Grenzen.

Jule Specht zum Beispiel belegt, wie schwierig es ist, die eigene Persönlichkeit realitätsgetreu einzuschätzen. Bedingt durch sogenannte „blind spots" – also blinde Stellen –, die als Lücken in der Selbsterkenntnis bezeichnet werden können, fällt es den Menschen schwer, sich selbst einzuschätzen. Wir können uns dann selbst nicht so sehen, wie wir wirklich sind. Die Konsequenz: Meist kennt man andere besser als sich selbst und kann deren Schwächen und Stärken wesentlich objektiver und realitätsgetreuer einschätzen, als dies in Bezug auf die eigene Person möglich ist (vgl. Specht 2018, S. 17.ff.).

Was also tun? Lassen Sie uns einen Blick durch bzw. auf das Johari-Fenster werfen, also das Modell, das Joseph Luft und Harry Ingham als Fenster bewusster und unbewusster

Persönlichkeits- und Verhaltensmerkmale entwickelt haben. Das Johari-Fenster (Luft, Ingham 1955) unterscheidet vier Bereiche:

- Bereich, den wir bewusst öffentlich machen und den andere wahrnehmen können,
- Bereich, den wir nicht öffentlich machen möchten, weil wir darin eine eigene Schwäche sehen – diesen Bereich lehnen wir meistens an uns selbst ab,
- Bereich des Unbewussten – Dinge, die wir von uns selbst nicht kennen und andere nicht wahrnehmen können,
- Bereich des „blinden Flecks“ – hier wird für andere sichtbar, was wir von uns nicht preisgeben möchten.

Ziel der Selbsterkenntnis – auch durch Persönlichkeitsdiagnostiktools – sollte sein, immer mehr Klarheit über die vier Bereiche zu gewinnen, insbesondere die „blinden Flecken“ zu identifizieren, damit wir wissen, was andere Menschen an uns wahrnehmen, ohne dass wir dies wollen.

Die Potenzialexpertinnen Dorothee Brockmann und Andrea von Schröder empfehlen, das Feld der öffentlichen Person stetig zu vergrößern und die Felder des Geheimnisses und des blinden Flecks zu verkleinern. Denn dann werden wir von den Menschen in unserem Umfeld als „authentisch und stimmig wahrgenommen. Selbstbild und Fremdbild stimmen überein“ (Brockmann, von Schröder 2017, S. 80).

Der Prozess der Selbsterkenntnis und die Arbeit mit Persönlichkeitsdiagnostiktools ermöglichen diese Verschiebungen bezüglich der Johari-Felder. Der Vorteil: Wenn wir wissen, wie wir ticken, wenn wir wissen, wer wir sind, verfügen wir über ein sicheres Fundament, von dem aus wir an der Weiterentwicklung unserer Persönlichkeit arbeiten können, etwa dann, wenn wir vor der Bewältigung neuer Aufgaben und Herausforderungen stehen, eine neue Lebenssituation eintritt, wir uns von liebgewonnenen Gewohnheiten verabschieden müssen oder eine neue Gewohnheit aufbauen wollen.

Unserer Erfahrung nach fällt eine Veränderung leichter, wenn wir uns ein konkretes Ziel oder konkrete Ziele setzen und sehr genau sagen können, in welche Richtung die Veränderungsprozesse verlaufen sollen. Gelingt der angestrebte Veränderungsprozess, kann es Ihnen gelingen, Ihre Potenziale besser auszuschöpfen und besser zu nutzen.

STOPP!

Wie beantworten Sie die Frage, ob wir uns verändern können oder nicht? Gehen Sie in die Selbstreflexion, aber diskutieren Sie darüber auch mit Menschen aus Ihrem Umfeld.

- Welche Erfahrungen haben diese Menschen und Sie im Zusammenhang mit der Veränderung einzelner Persönlichkeitseigenschaften gemacht?
- Wie ist Ihre Einstellung zu der Aussage: „So bin ich nun einmal, ich kann mich nicht verändern, das kann niemand von mir verlangen!"?
- Welche Veränderungsprozesse sind bei Ihnen notwendig, um brachliegende Potenziale zu heben und zu nutzen?

Kapitelfazit

- Wer die Kernfrage des Profiling[1]: „Wer bin ich?", beantwortet hat, kann besser einschätzen, wie er auf andere wirkt und von anderen Menschen wahrgenommen wird.

- Zudem erhält er Aufschluss darüber, wie eine angestrebte Veränderung von Persönlichkeitseigenschaften vonstattengehen könnte.
- Grundvoraussetzungen für gelingende Persönlichkeitsveränderungen sind der persönliche Wille sowie das sichere Gefühl, dass man an seinen Persönlichkeitseigenschaften arbeiten und sich damit auch verändern kann.

KAPITEL 3

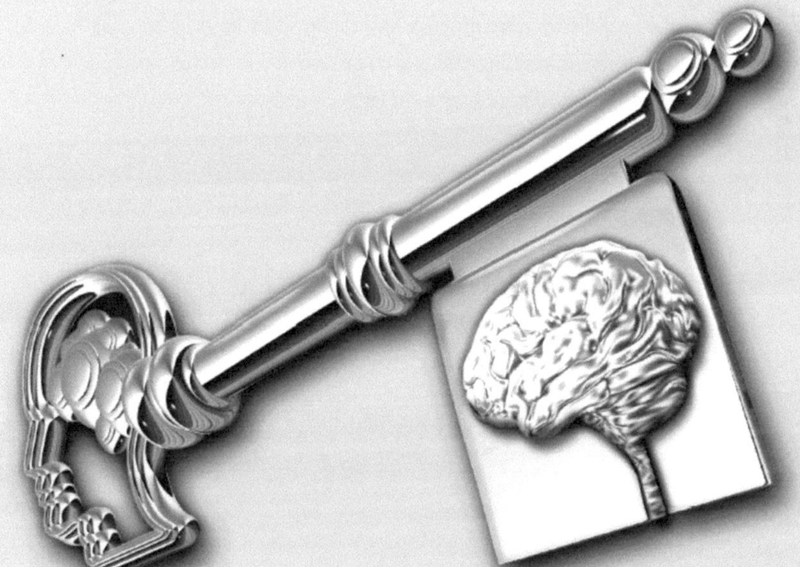

Profiling²: „Wie ticken die anderen?“ Von den Vorteilen der Menschenkenntnis

Wie tickt dieses Kapitel?

- Jetzt geht es um die entscheidende Frage: Wie lässt sich erkennen, wie Ihre Gesprächspartner, seien es Kunden, Mitarbeiter oder Bewerber, ticken?
- Sie erfahren, dass Menschenkenntnis hilft, die Verhaltensweisen Ihrer Gesprächspartner zu verändern. Dazu erhalten Sie konkrete Profiling^2-Tipps.

Menschen lesen und ihr Verhalten verändern

Der Nutzen von Profiling^2, bei dem es um die Frage geht: „Wie ticken die anderen?" liegt in der Verbesserung der Menschenkenntnis. Wer weiß, mit wem er es zu tun hat, von welchen Emotionen, Werten und Überzeugungen das Gegenüber dominiert wird, welche Motive ihn antreiben, welche Motivatoren für ihn wichtig sind, kann im Kundengespräch, in der Mitarbeiterkommunikation und im Einstellungsgespräch zielgenauer auf den Gesprächspartner eingehen und auch dessen Verhalten verändern. Allerdings: Dabei ist man darauf angewiesen, dass der andere Mensch sich – oder besser: sein Verhalten – überhaupt ändern will.

Der Neurowissenschaftler wie Gerhard Roth sagt dazu: „Rationale Appelle zur Veränderung, und sind sie noch so gut begründet, haben in aller Regel keinen Einfluss. Die Bildung des Willens zur Veränderung ist kein kognitiver, verstandesmäßiger, sondern zu 100 Prozent ein motivationaler Prozess. (...) Wenn wir bei einer Person eine Veränderung erreichen wollen, müssen wir erreichen, dass sie sich verändern will. Und das erreichen wir eben nicht dadurch, dass wir ihr objektiv die Vorteile der Veränderung aufzeigen, sondern dadurch, dass wir ihr subjektive Gründe gemäß ihrer Motive liefern, beziehungsweise sie dabei unterstützen, diese selbst zu finden." (Bußmann 2019, S. 60/62)

In diesem Zusammenhang wollen wir einen Kriminalkommissar zitieren, der einmal zu uns sagte: „Wenn ein Verdächtiger gesteht, dann meistens nicht, weil wir als Verhörende ihn dazu gebracht haben, sondern weil *er* gestehen will."

Eine der Grundlagen von Profiling^2 ist also:

Wer einen Menschen lesen, seine Antreiber und Motive einschätzen und diese dann sogar klar benennen kann, hält den Schlüssel zu dessen Verhaltensveränderung in der Hand. Diese muss aber möglichst von ihm selbst ausgehen. Aber: Sie als Verkäufer, Mitarbeiter oder Recruiter können den Kunden, Mitarbeiter oder Bewerber unterstützen, diese Verhaltensveränderung zu wollen und selbst zu initiieren.

Was passieren kann, wenn die Menschenkenntnis etwa eines Verkäufers eher bescheiden ausfällt, verdeutlicht die nächste Story, die Oliver nun erzählt.

„Hallöchen, Popöchen!"

Ich gebe diese Geschichte immer gern im Seminar zum Besten, um zu verdeutlichen, wie wichtig es ist, wenigstens zu versuchen, die Verhaltensweisen und die Persönlichkeit von Gesprächspartnern besser einzuschätzen, um sich darauf einzustellen. In der Geschichte steht eine Dame im Fokus, die bei einer Fluglinie arbeitet und den undankbaren Job hat, mir zu erklären, warum ein Flug, der mich ins benachbarte Ausland zu einem wichtigen Termin führen sollte, gecancelt werden musste. Sie können sich vorstellen, dass der abgesagte Flug für mich eine schwierige Situation herbeigeführt hat, musste ich doch meinen Termin absagen und mühselig erklären, warum ich nicht erscheinen konnte. Letztendlich musste eine schwierige Entscheidung, für die ein Vieraugengespräch unabdingbar war, verschoben werden. Und natürlich gehen wichtige Gesprächspartner bei wichtigen Treffen immer davon aus, man müsse alle Eventualitäten voraussehen und einplanen ...

Ich bin also zu Hause, das Telefon klingelt ... „Hallöchen, Popöchen, hier spricht Frau Meier" – so will ich die Dame im Folgenden nennen – „von der xy-Airline. Sie können sich denken, worum es geht, nämlich um Ihren stornierten Flug." Wenn Sie dieses Buch bis hierhin gelesen haben und Ihre Menschenkenntnis gut ausgeprägt ist, wissen Sie, dass ich eher zu den impulsiveren und extravertierten Menschen gehöre. Zumindest wissen das meine Seminarteilnehmer, die mich ja schon etwas länger erlebt haben ...

Gut und schön, mich brachte allein schon dieses entsetzliche „Hallöchen, Popöchen" auf die berühmt-berüchtigte Palme. Das gab ich der Dame auch wortreich zu verstehen, spätestens jetzt hätte sie in der Lage sein müssen, meine Befindlichkeit und auch meine Reaktions- beziehungsweise Verhaltensweise besser einzuschätzen. Stattdessen wollte Frau Meier sich einfach nicht von ihrem lässig-lockeren Jargon verabschieden, um mir dann in buntesten Farben zu erläutern, warum jener Flug mehr oder weniger ausfallen *musste*. Fast dachte ich schon, wir Passagiere seien an dem Ausfall schuld ...

Sie können sich vorstellen, dass das Gespräch zu keinem konstruktiven Ergebnis geführt hat. Was ich erwartet hätte: ein sensibles und feinfühligeres Eingehen auf meine Situation und Befindlichkeit, ein wenig Small Talk, um herauszufinden, wie es mir geht, wie ich ticke und mich fühle, um mir danach verständnisvoll die Gründe für die Stornierung nahezubringen.

Wer jetzt denkt, die Geschichte sei zu Ende, der sieht sich getäuscht. Denn wie gesagt: Das Telefonat führte zu keinem konkreten Resultat, und so rief mich die Dame ein paar Tage später nochmals an: „Hallöchen, Popöchen, hier ist die Frau Meier!“ ... Spätestens in diesem Moment schlug meine Stimmung in schiere Verzweiflung um. Und mein Seminarpublikum in schallendes Gelächter. Seitdem begrüßen mich Seminarteilnehmer, die die Geschichte kennen, lauthals mit „Hallöchen, Popöchen, Herr Vogelhuber!“

Zurück zu Frau Meier: Mittlerweile habe ich ihre Nummer blockiert. Sorry, aber ich kann nicht mit einer Dienstleisterin ein produktives Gespräch zu einem für mich peinlichen und ärgerlichen Thema führen, die überhaupt nicht versteht, worum es mir geht und die nicht den Hauch eines Willens zeigt, Vertrauen aufzubauen und herauszufinden, wie ich ticke, um dann mit mir in einen Dialog zu treten. Beim ersten Gespräch mag das „Hallöchen, Popöchen“-Gehabe noch verzeihbar gewesen sein, aber nicht beim zweiten Anruf. Frau Meier hätte aufgrund der Erfahrungen im ersten Gespräch meine Befindlichkeit besser einschätzen und Rücksicht darauf nehmen müssen. Vielleicht wäre es ihr dann gelungen, mich dort abzuholen, wo ich stand, und hätte mich dazu bewegen können, mein aufbrausendes Verhalten in ein konstruktives Fahrwasser zu kanalisieren.

Vom Nutzen der Profiling^2-Fähigkeit

Die „Hallöchen, Popöchen“-Story zeigt, wie extrem wichtig es ist, über ein Raster und eine Vorgehensweise zu verfügen, mit der sich die Persönlichkeitsstruktur eines Gesprächspartners einschätzen und einordnen lässt. Wenn Sie die Profiling²-Fähigkeit besitzen, andere Menschen einzuschätzen, ist es Ihnen möglich:

- effektiver und zielorientierter zu kommunizieren und Gesprächsblockaden zu vermeiden,
- sich sicherer im Umgang mit schwierigen Charakteren zu verhalten und sich im Gespräch auf komplex-schwierige Menschen und Persönlichkeiten einzustellen,
- ein besserer Teamplayer zu werden, weil Sie sich auf andere Persönlichkeitstypen im Team besser einstellen können,
- Teams so zusammenzustellen, dass sie bessere Arbeitsergebnisse erzielen, weil es auf der menschlichen Ebene passt, die Chemie stimmt und sich die Teammitglieder in ihren Kompetenzen, Persönlichkeitsstrukturen und Verhaltensweisen ergänzen und
- Ihre Kundengespräche und Ihren Kundenservice zu optimieren, Ihre Mitarbeiterauswahl zu verbessern und Ihre Mitarbeiter persönlichkeitsorientiert so zu führen, dass diese motivierter ihren Aufgaben nachkommen können (darum geht es in den Kapiteln 5 bis 7).

Profiling²-Tipps, um Menschen zu einer Verhaltensveränderung zu bewegen

Lassen Sie uns noch einmal die bereits angesprochene Frage der Veränderbarkeit der menschlichen Persönlichkeit aufgreifen. In der Wissenschaft herrscht diesbezüglich keine Einigkeit, es gab und gibt Forscher, die davon ausgehen, jeder Mensch sei durch sein Erbgut und seine frühkindlichen Erfahrungen auf eine Persönlichkeitsstruktur festgelegt, die kaum zu verändern sei. Neurowissenschaftler wie der bereits zitierte Gerhard Roth dagegen sind vorsichtiger und betonen, eine Persönlichkeit sei natürlich „über Nacht nicht veränderbar (...), weil die Entwicklung der Persönlichkeit des Menschen (...) bereits in jungen Jahren in ihren Grundzügen weitgehend festgelegt" sei. Roth schlussfolgert, Veränderungen seien aber doch in einem gewissen Rahmen möglich, nämlich indem „man nicht an der Grundstruktur der Persönlichkeit ansetzt, sondern am Verhalten." (Bußmann 2019, S. 58)

In diesem Sinn sollen die folgenden Profiling²-Tipps verstanden werden. Sie basieren auch auf Erkenntnissen der Sozialpsychologie. Mit ihnen kann es Ihnen gelingen, Verhaltensveränderungen auf Seiten Ihrer Gesprächspartner zu bewirken oder zumindest in Gang zu setzen. Verstehen Sie die Tipps als Anregungen – Sie sollten sie stets der jeweiligen Person, mit der Sie interagieren, und der konkreten Situation anpassen und versuchen, sie sich Schritt für Schritt anzutrainieren. Schon jetzt sei so viel verraten: Oliver Vogelhuber hat dazu das Trainings- und Übungstool „Vogelhubers Profiling-Machine" entwickelt – mit dem Tool können Sie Ihre Menschenkenntnis vervollkommnen. Mehr dazu erfahren Sie im vierten Kapitel.

Profiling²-Tipp 1: Gehen Sie in Vorleistung

Menschen neigen zu automatischem Verhalten. Dies wird als Compliance-Prozess bezeichnet. Es gibt kulturell geprägte Richtlinien, wann es angebracht bzw. vorteilhaft ist, einer Bitte oder Aufforderung nachzukommen, also „compliant" zu sein. Mit diesem Wissen können Menschen allerdings auch manipuliert werden. Eine der sehr verbreiteten Normen der menschlichen Kultur ist nach Erkenntnissen aus der Soziologie und Anthropologie die Reziprozitätsregel, die besagt, dass ein Großteil der Menschen die Neigung hat, sich zu revanchieren (siehe **http://deacademic.com/dic.nsf/dewiki/1178435**). Der Empfänger einer Sache kann so zu einer Gegenleistung verpflichtet werden, und zwar durch sein vermitteltes Gefühl, etwas schuldig zu sein. Gerade diesen Umstand sollten Sie sich zunutze machen, etwa indem Sie in Vorleistung gehen und erst etwas geben, um dann auch etwas zu erhalten. Nehmen wir ein Beispiel aus dem Vertrieb und Marketing – unter **http://deacademic.com/dic.nsf/dewiki/1178435** werden die folgenden Techniken genannt:

- „Door-in-the-face-Taktik: übertrieben hohe Anfangsforderungen lassen später eine auf ein normales Maß reduzierte Forderungen als Schnäppchen erscheinen"
- „Foot-in-the-door-Taktik: Minimales Anfangszugeständnis als Grundlage für weitere Verhandlung"
- „That's-not-all-Taktik: Hinzufügen von Geschenken (Zugaben)"

Gewiss fallen Ihnen weitere Techniken und Methoden ein, mit denen es Ihnen gelingt, ein Vertrauensverhältnis zum Gesprächspartner aufzubauen, indem Sie in Vorleistung gehen.

Übrigens: Adam Grant belegt in seinem Buch „Geben und Nehmen" (Grant 2013), dass es hilfsbereite Menschen oft weiter bringen als Ellbogentypen, auch und vor allem im Beruf. Demnach lassen sich die Menschen untergliedern in „Geber" und „Nehmer", wobei die Geber, also die hilfsbereiten Menschen, mehr Erfolg haben, eben weil sie sich um andere kümmern – und nicht obwohl sie sich um andere kümmern. Grant räumt also mit der Vorstellung, dem Egoisten gehöre die (Berufs)Welt, kräftig auf. Er bringt Beispiele dafür, dass die Geber, die sich für andere engagieren, im Durchschnitt erfolgreicher, zufriedener und überdies auch anerkannter sind, als die Nehmer-Typen.

Dies sollte Sie motivieren, mit Profiling² herauszufinden, wie andere Menschen ticken, um ihnen dann genau das zu geben, was sie wünschen.

Allerdings sollten Sie als „Geber" darauf achten, dass dieses Entgegenkommen von den Nehmer-Typen nicht ausgenutzt wird. Bei der Mitarbeiterführung und im Umgang mit Kollegen darf das Ellbogenprinzip schon eher Anwendung finden – selbst dann, wenn Sie prinzipiell ein Geber-Typ sind, dem solch ein Verhalten fern liegt. Entscheidend ist, den situativen Kontext zu berücksichtigen. Konkret: Wenn sich ein Mitarbeiter einfach nicht an die notwendigen Anweisungen hält oder zum Beispiel das Kooperationsklima im Team zu seinem Vorteil ausnutzt, ist es durchaus angebracht, dass Sie die für einen Geber unübliche Vorgehensweise des harten Durchgreifens wählen. Grundsätzlich jedoch ist es zielführender, Win-win-Situationen herbeizuführen und einen Interessensausgleich oder Konsens anzustreben, bei dem keiner der Beteiligten einen Schaden nimmt oder sein Gesicht verliert.

Profiling²-Tipp 2: Nutzen Sie die Spiegelneuronen, um sich auf eine Wellenlänge einzuschwingen

Adam Grant beschreibt in seinem Buch, dass die Geber-Haltung anscheinend ansteckend wirkt. Wer sieht, dass sich viele Mitmenschen in der unmittelbaren Umgebung altruistisch und auf das Gemeinwohl bedacht verhalten, lässt sich davon anstecken und zu der Überlegung verleiten, ob es nicht sinnvoll sei, wenigstens ab und zu von der egoistischen Nehmer-Ausrichtung abzurücken. Hierbei spielen die sogenannten Spiegelneuronen eine wichtige Rolle: Der neurophysiologische Hintergrund: Spezielle Nervenzellen in unserem Gehirn reagieren beim

Betrachten einer Aktion genau so, als würde der Zuschauer die Aktion selbst ausführen.

Die Spiegelneuronen lassen uns – zum Beispiel – Schmerzen empfinden, wenn wir die Schmerzen eines anderen Menschen miterleben. Allerdings: Sie sorgen umgekehrt dafür, dass wir gute Laune haben und lächeln, wenn unser Gesprächspartner diese Gefühle zeigt. Sie veranlassen uns zuweilen sogar dazu, die Handlungen anderer Menschen nachzuahmen. Und das heißt etwa für Ihre Beratungs- und Verkaufsgespräche:

Der Kunde empfängt das, was Sie ausstrahlen.

Wenn Sie also griesgrämig-lustlos in das Beratungsgespräch gehen, dürfen Sie sich nicht wundern, wenn der Kunde dieses Verhalten spiegelt. Doch da das Ganze zum Glück auch umgekehrt funktioniert, helfen die Spiegelneuronen Ihnen selbstverständlich dabei, sich mit dem Kunden auf eine Wellenlänge zu begeben, um dann als Profiling²-Experte zu erkennen, wie er tickt und ihm dann genau die Produkte und genau die Dienstleistungen anzubieten, die für ihn einen hohen Nutzwert haben.

Profiling²-Tipp 3: Erzeugen Sie Sympathie

Das kennen Sie bestimmt aus eigener Erfahrung: Menschen lassen sich oft eher von jemandem überzeugen, den sie kennen oder den sie sympathisch finden. Körperliche Attraktivität etwa scheint hierbei den bekannten „Halo-Effekt" hervorzurufen. Dabei schließen wir von bekannten Eigenschaften einer Person auf die unbekannten Eigenschaften. Wenn wir jemanden sympathisch finden, trauen wir ihm quasi nur Gutes zu. Bei **www.karrierebibel.de** heißt es dazu: „Kurz gesagt beschreibt der Halo-Effekt einen Wahrnehmungsfehler, eine unbewusste Störung unserer Urteilskraft, bei der einzelne Eigenschaften (Attraktivität, Behinderung, außergewöhnliche Erfolge) einer Person so dominant auf uns wirken, dass sie einen überstrahlenden Gesamteindruck erzeugen – deshalb auch ‚Halo‘ (englisch für *Heiligenschein*) Effekt. In der Sozialpsychologie spricht man dabei auch von einer *kognitiven Verzerrung*.“

Aus diesem Grund gelingt es gutaussehenden Menschen in der Regel leichter, andere zu beeinflussen. Daneben fördern Komplimente die Sympathie, und damit einhergehend die Bereitschaft, eine Handlung auszuführen, die von einer bestimmten Person verlangt wird. Unser Tipp also:

Überlegen Sie sich, wie Sie Sympathie zu Ihren Gesprächspartnern aufbauen.

Dabei ist zu beachten: Für manche Menschen empfinden wir auf Anhieb Sympathie, wir glauben, einer seelenverwandten Person gegenüberzustehen. Der Begriff „Sympathie“ kommt von dem altgriechischen Wort „sym-patheia“ und bedeutet Mitgefühl oder gleiche Empfindung. Er setzt sich zusammen aus „sym“ (= mit-, zusammen-) und dem Grundwort „pathos“, also Leidenschaft, Ergriffenheit. Frei übersetzt heißt Sympathie mithin „gleiche Welle“. Und das ist entscheidend. Stellen Sie Gemeinsamkeiten her und seien Sie neugierig auf Ihre Gesprächspartner. Wie es nicht geht, zeigt die „Hallöchen, Popöchen“-Story. Und bedenken Sie: Sympathie lässt sich nicht erzwingen. Vermeiden Sie es aber zumindest, Verhaltensweisen an den Tag zu legen, die den Beziehungsaufbau verhindern. Prüfen Sie, welche Sympathietreiber Sie nutzen können, um Vertrauen zum Gesprächspartner aufzubauen.

Profiling²-Tipp 4: Wecken Sie Interesse auf möglichst vielen Sinneskanälen

- Sie werden das Interesse eines Gesprächspartners umso mehr wecken, desto eher es Ihnen gelingt, ihn multisensorisch anzusprechen. Nehmen wir als Beispiel wieder ein Kundengespräch:
- Nutzen Sie einen visuellen Einstieg ins Gespräch, um die Produktvorteile in den Mittelpunkt zu rücken.
- Unterfüttern Sie den visuellen Interesseneinstieg durch einen auditiven, indem Sie etwa ein Zitat in das Gespräch integrieren.
- Ergänzen Sie die Ansprache über den Seh- und den Hörsinn durch einen haptischen Interesseneinstieg – das heißt: Lassen Sie den Kunden das Produkt, um das es geht, anfassen und ausprobieren.
- Vergessen Sie nicht: Bei einigen Produkten gibt es überdies die Möglichkeit, den Geschmackssinn und den Geruchssinn des Kunden für den Interesseneinstieg nutzen zu können. Als Beispiel dient uns eine Drogerie oder Apotheke, in der Sie eine Hautlotion präsentieren, an der Sie den Kunden riechen lassen.

Der Interessenseinstieg soll auf Seiten des Gesprächspartners immer zu Lustgefühlen führen. Umgekehrt gilt: Vermeiden Sie es, bei ihm Unlustgefühle zu wecken. Das gelingt Ihnen am besten, wenn Sie wissen, wie er tickt!

STOPP!

Trainieren Sie den Einsatz der Profiling^2-Tipps – bereiten Sie Ihr nächstes wichtiges Gespräch vor, indem Sie:

- in Vorleistung gehen, also dem Gesprächspartner etwas geben, was er nicht unbedingt erwartet (Zugeständnis, Geschenk, Lob/Anerkennung ...).
- sich in einen guten Zustand versetzen – denn: Der Kunde empfängt das, was Sie ausstrahlen.
- Gemeinsamkeiten schaffen, um Sympathie zu erzeugen und eine vertrauensvolle Atmosphäre aufzubauen.
- sich einen Interessenseinstieg überlegen, mit dem Sie von Anfang an für gute Stimmung sorgen.

Nun ist es an der Zeit, Ihnen eine Persönlichkeitstypologie vorzustellen, mit der es möglich ist, Ihre Gespräche in Recruiting, Verkauf und Führung noch genauer auf die Persönlichkeit Ihres jeweiligen Gesprächspartners abzustimmen.

Kapitelfazit

- Wer die Kernfrage des Profiling^2: „Wie ticken die anderen?“, beantwortet und in der Lage ist, seine Gesprächspartner zu lesen, schafft die besten Voraussetzungen für einen gelungenen Dialog.

- Auch wenn sich einschätzen lässt, wie ein anderer Mensch tickt: Niemand kann diesen Menschen verändern, man kann aber versuchen, seine Verhaltensweisen vorsichtig zu beeinflussen, etwa durch die beschriebenen Profiling²-Tipps.

KAPITEL 4

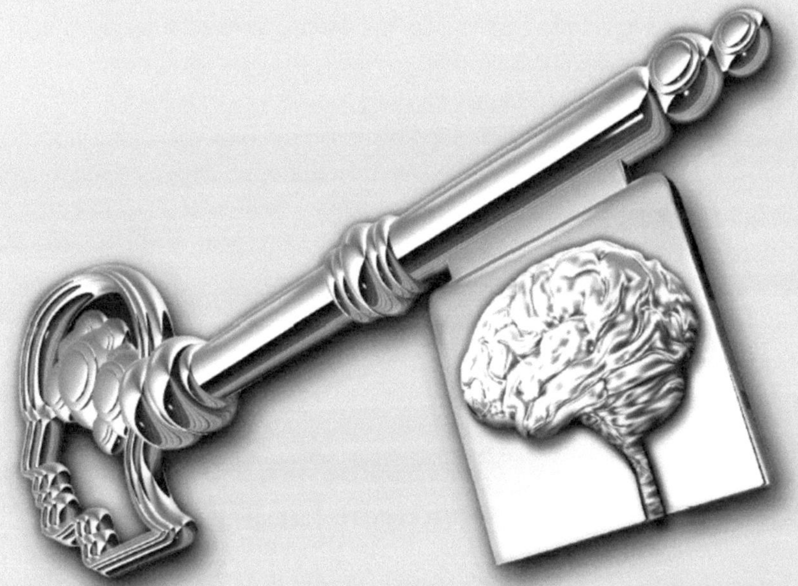

Profiling³: „Was mache ich daraus?“ Den Profiling-Ansatz mit Persönlichkeits-diagnostiktool verknüpfen

Wie tickt dieses Kapitel?

- Ihre Selbstkenntnis (Profiling[1]) und Menschenkenntnis (Profiling[2]) verknüpfen Sie mit einem Persönlichkeitsdiagnostiktool, um Ihre Gespräche in Recruiting, Verkauf und Führung zu optimieren (Profiling[3]).
- Sie erfahren, wie Sie die Antworten auf die Profiling-Kernfragen, die Infos zu den sechs Antreibern und das Persönlichkeitsdiagnostiktool zu einem Instrument zusammenknüpfen, mit dem Sie die Persönlichkeit Ihres jeweiligen Gesprächspartners noch besser erkennen.
- Wir stellen Ihnen „Vogelhubers Profiling-Machine" vor, mit der Sie trainieren, Menschen zu lesen.

INSIGHTS MDI®: Persönlichkeitstypologien als Hilfsinstrument für Profiling[3]

Mit Profiling[3] können Sie andere Menschen punktgenau einschätzen und ihre jeweiligen Antreiber identifizieren. In unserer Einleitung zu diesem Buch haben Sie erfahren, dass die Grundregel besagt: „Behandle die anderen so, wie sie behandelt werden wollen." Um die Persönlichkeitsstruktur eines Menschen zu erkennen, nutzt Profiling[3] mit INSIGHTS MDI® ein Tool, mit dem sich diese Grundregel umsetzen lässt.

Das Modell und seine vier Grundtypen

Es gibt zahlreiche Typologien und jährlich kommen neue hinzu. Viele der Typologien ähneln sich und gründen auf demselben

Fundament – zu den renommiertesten und bewährten Erklärungsmodellen menschlichen Verhaltens gehört das INSIGHTS MDI®-Modell, dessen Wurzeln bei dem Psychologen Carl Gustav Jung liegen und das sich auf die Erkenntnisse von Jolande Jacobi und die des amerikanischen Psychologen William Moulton Marston bezieht. Carl Gustav Jung entwickelte mit „Einstellungen“ und „Funktionen“ zwei Schlüsselfaktoren, mit denen er die Menschen in Persönlichkeitstypen unterteilte. In Frank M. Scheelens Buch „Menschenkenntnis auf einen Blick“ heißt es dazu:

„Unter Einstellungen versteht Jung die offensichtlichen Vorlieben (Präferenzen) eines Menschen für die ‚innere‘ oder die ‚äußere‘ Welt. Orientiert sich ein Mensch an der äußeren Welt, so bezieht er sich in seinem Denken, Fühlen und Handeln auf die objektive, materielle Welt. Extravertierte Menschen, wie man sie auch nennt, entwickeln beispielsweise eine Idee, weil sie eine Blume sehen oder einen Fernmeldemast, und das inspiriert sie zu etwas, gibt ihnen zu denken oder macht sie glücklich.

Wer sich an der inneren Welt orientiert, also introvertiert ist, ist dagegen mehr auf das eigene Innenleben bezogen. Er beschäftigt sich mit seinen Gefühlen, Werten und Gedanken und bezieht aus ihnen seine Inspiration. Ein introvertierter Mensch wird zum Beispiel dadurch für eine Arbeit motiviert, dass er seine Teamkollegen mag oder die Aufgabe seinen Werten entspricht. Ein extravertierter Mensch wird motiviert, weil er einen Dienstwagen erhält oder durch die Arbeit viel Aufmerksamkeit seiner Mitmenschen erfährt. Die Begriffe ‚Introversion‘ und ‚Extraversion‘ drücken also aus, in welche Richtung jemand hauptsächlich seine Energie leitet: nach innen oder nach außen.“ (Scheelen 2018, S. 25)

Carl Gustav Jung unterschied zudem vier menschliche Grundfunktionen, nämlich Denken, Fühlen, Intuition und Empfinden. Die Begriffe Introvertiert sowie Extravertiert und diese vier menschlichen Grundfunktionen bilden das Gerüst des INSIGHTS MDI®-Modells. Jung unterschied acht Typen:

- Introvertiertes Empfinden
- Introvertierte Intuition
- Introvertiertes Denken
- Introvertiertes Fühlen
- Extravertiertes Empfinden
- Extravertierte Intuition
- Extravertiertes Denken
- Extravertiertes Fühlen

William Moulton Marston wiederum fasste das menschliche Verhalten zu vier Verhaltensmustern zusammen und ordnete zur besseren Unterscheidbarkeit jedem Verhaltensmuster eine Farbe zu:

- Rot – Dominant
- Gelb – Intuitiv
- Grün – Stetig
- Blau – Gewissenhaft

Jolande Jacobi schließlich verknüpfte C. G. Jungs Typenlehre und William Moulton Marstons Verhaltensmuster zu einem eigenen Modell, das insbesondere verdeutlicht, dass die verschiedenen Verhaltensmuster zu Verhaltenstypen führen, deren Verhalten sich aber überschneidet. So entstehen Mischtypen, die in der Folge von anderen Psychologen immer weiter ausdifferenziert wurden.

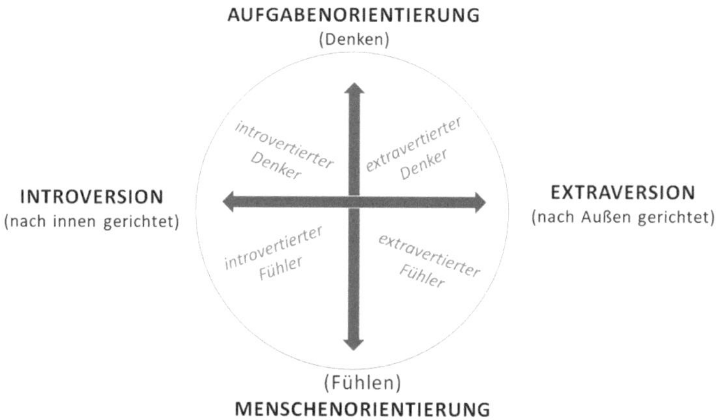

Abbildung 3: Der Zusammenhang zwischen Introversion, Extraversion, Aufgaben- und Menschenorientierung

Das INSIGHTS MDI®-Modell kann, auch mithilfe online gestützter Verfahren, über 60 individuelle Typen und über 500 Persönlichkeitsprofile beschreiben.

Mit dem Instrument lassen sich die Verhaltenspräferenzen von Menschen objektiv, zuverlässig und valide messen. Die Verhaltensdiagnose beruht auf einem Fragebogen, der mithilfe eines Onlinetools ausgewertet wird. Eine weitere Ausdifferenzierung erfolgt durch die Integration von zwölf Motivatoren sowie einem Modell, das den Aspekt der emotionalen Intelligenz aufgreift, um die Verhaltenspräferenzen von Menschen noch besser einschätzen zu können.

Die praktische Bedeutung des Modells kommt zustande, weil es jene vier Farb- oder Grundtypen unterscheidet, zu deren Beschreibung zahlreiche eingängige Metaphern herangezogen werden. Jedem Typ werden eine typische Motivationsstruktur sowie bestimmte Schwächen und Stärken und dominierende Emotionen zugeschrieben. Welche dies sind, erfahren Sie gleich. Wichtig ist noch der Hinweis, dass aus jenen vier Grundtypen acht Haupttypen abgeleitet worden sind, um der Tatsache Rechnung zu tragen, dass es zahlreiche Mischformen gibt. Da das Modell für den Alltagsgebrauch in Mitarbeiterführung, Personalauswahl, Verkauf und Kommunikation sehr praxisorientierte Hilfe zur Verfügung stellt, hat es einen hohen praktischen Nutzen.

Informationen für den schnellen Überblick

Das INSIGHTS MDI®-Modell spricht sehr anschaulich vom feuerroten, sonnengelben, erdgrünen und eisblauen Typ. Es ist wichtig festzuhalten: INSIGHTS MDI® „misst *Verhalten* und *Emotionen!* Sie fragt, wie wir etwas tun. (...) Sie fragt *nicht,* was wir tun und warum wir es tun.“ (Scheelen 2018, S. 35)

Lassen Sie uns darum zur ersten raschen Orientierung festhalten:

- Der feuerrote Typ ist dominant, extravertiert und fordernd, er tritt entschlossen und willensstark auf und geht sehr sach- und zielgerichtet und ergebnisorientiert vor. Oft tritt er anderen Menschen gegenüber sehr autoritär auf. Der risikofreudige Feuerrote ist voller Energie und findet seine Erfüllung in ständiger Aktivität und Handlungsbereitschaft (dominanter Typ).
- Der sonnengelbe Typ wird in dem Modell als initiativ, umgänglich und fröhlich, offen, überzeugend und redegewandt beschrieben. Er verfügt über eine positive Ausstrahlung und ist bemüht, mit anderen Menschen gute Beziehungen

aufzubauen. Wie der feuerrote Typ ist er eher extravertiert (initiativer Typ).

- Der erdgrüne Typ hingegen ist eher introvertiert veranlagt. Er kann als stetig, achtsam, mitfühlend und geduldig beschrieben werden. Er gilt als beständig und zuverlässig und ist besorgt um das Wohl seiner Mitmenschen, mit denen er eine möglichst spannungsfreie und kooperative Beziehung aufbauen möchte. Er liebt die Sicherheit bietende Umgebung, in der er sich auskennt und reagiert auf Unklarheiten negativ (stetiger Typ).
- Der eisblaue Typ schließlich ist gewissenhaft und geht vorsichtig, besonnen und präzise vor. Deshalb hinterfragt er Informationen stets und überlegt sich eine Sache lieber einmal zu viel, als sich selbst den Vorwurf machen zu müssen, nicht sorgfältig genug und zu unüberlegt gehandelt zu haben. Er geht analytisch vor und ist introvertiert – daher wirkt er oft distanziert. Autoritäten gegenüber verhält er sich ablehnend (gewissenhafter Typ).

Einschätzungen stets hinterfragen

Bei allen Beschreibungen gilt: Ist ein Charakterzug zu stark ausgeprägt, kann eine vermeintliche Stärke in eine Schwäche umschlagen – Beispiele sind:

- Die zielgerichtete Dominanz des Feuerroten führt dazu, dass er seinem Gesprächspartner nicht richtig zuhört, weil er schnell zu dem Ziel gelangen will, das er sich vorgenommen hat. Er verliert mögliche Handlungs- und Entscheidungsalternativen aus dem Blickfeld und ist oft geneigt, allein auf ein Ziel zuzustürmen – darüber vergisst er, mögliche Partner mit ins Boot zu holen.

- Durch seine offene und initiative Art wirkt der sonnengelbe Typ auf andere Menschen oft aufdringlich, zudem kann ihm eine gewisse Naivität und Oberflächlichkeit nicht abgesprochen werden.
- Der erdgrüne Typ hat Probleme, auf Veränderungen angemessen zu reagieren –er meidet sie lieber. Seine Angst vor der Veränderung und damit vor Risiken führt ihn zu einer eher negativen Haltung, seine Stetigkeit kann zu Sturheit führen.
- Der eisblaue Typ mit seiner sorgfältigen Art wirkt oft penibel bis zur Kleinlichkeit. Seine Liebe zum Detail führt zu einer Einschränkung seiner Handlungsfähigkeit, und er neigt zur Schwarz-Weiß-Malerei.

Die Kenntnis dieser vier Grundtypen bietet eine erste Handhabe, sich selbst und andere Menschen einzuschätzen – dabei sollte Sie sich aber immer der Relativität einer solchen Einschätzung bewusst sein. Dazu ein Beispiel: Der Mitarbeiter Müller gehört zu dem eisblauen Typ und ist sehr penibel, ordentlich und gewissenhaft. Kollegin Schmidt hingegen darf als Chaotin bezeichnet werden. Der Mitarbeiter Huber steht – was seine Ordnungsliebe anbelangt – zwischen beiden. Wie würden der eisblaue Mitarbeiter Müller und die feuerrote Chaotin Schmidt nun ihren gemeinsamen Kollegen Huber beurteilen? Herr Müller würde den Kollegen Huber wahrscheinlich als einen unordentlichen Menschen bezeichnen, während Frau Schmidt ihn als Pedanten titulieren würde. Natürlich haben beide Recht – jeder betrachtet den Kollegen Huber durch seine individuelle und subjektiv gefärbte Brille. Beide bewerten den Kollegen aus ihrer Warte und kommen zu unterschiedlichen Ergebnissen – je nachdem, wie sie sich selbst sehen. Diesen Sachverhalt sollten Sie bei Ihren eigenen Einschätzungen stets berücksichtigen!

Wie enorm wichtig die Kenntnis einer Persönlichkeitstypologie ist, erleben wir in unserer Praxis jeden Tag. Aber auch bezogen auf uns selbst ist es hilfreich, die Selbst- und Menschenkenntnis mit einer Typologie zu erweitern – das zeigt die Story, die nun Frank erzählt.

Ein Gelb-Roter in blau-grünem Umfeld: Kann das funktionieren?

Ich erinnere mich, als ob es gestern passiert ist: Es ist ca. 28 Jahre her, ich war noch relativ jung und unerfahren, ich arbeitete für einen Großkonzern in der Schweiz, nachdem ich mein betriebswirtschaftliches Studium beendet hatte. Da wurde eine Stelle im Controlling frei. Hinsichtlich meiner Karriereentwicklung war das wirklich sehr spannend – aber das Controlling, das war natürlich überhaupt nicht meine Welt: Ich als extravertierter Visionär in einem Team aus drei Personen, in dem außer „Guten Morgen" den ganzen Tag nichts gesprochen wurde ... Da können Sie vielleicht schon vorausahnen, was passierte: „Talent trifft auf Gegenteil", wie ich das heutzutage in den Seminaren und Vorträgen immer nenne.

Das heißt, ich als Gelb-Roter, der in ein blau-grünes Umfeld katapultiert wurde, in dem weder Kommunikation noch Innovation, und erst recht nicht Kreativität und Austausch gegeben waren, fühlte am eigenen Leib, was ich heute auch von Studien unterstützt sagen kann: Diese Konstellation nutzt niemandem, weder dem Arbeitnehmer noch dem Team und der Abteilung – und auch nicht dem Unternehmen. Und die persönlichen Auswirkungen sind gleichfalls fatal – wie oft bin ich abends vollkommen energielos und ausgepowert nach Hause gekommen...

Daher ist es so wichtig, den Unternehmen, aber auch den Studierenden und Bewerbern die Hilfestellung zu geben, die richtigen Talente an die richtigen Stellen zu setzen. Und vor allem auch die Werte zu identifizieren und zu matchen und die Laufbahnen dann auch danach auszurichten. Und wie wichtig es ist, dass eine Führungskraft weiß, mit welchem Mitarbeiter sie zu tun hat, dass ein Verkäufer weiß, mit welchem Kundentyp und Entscheider er in das entscheidende Gespräch und die wichtige Verhandlung geht.

Es wäre nur eine Frage der Zeit gewesen, wann ich entweder einen Bore-Out oder einen Burn-Out bekommen hätte, da die Werte und Interessen und vor allem der Punkt „Sinnhaftigkeit in der Arbeit" gar nicht zusammengepasst hatten. Wohl dem also, der eine Persönlichkeitstypologie sinnvoll einsetzen kann.

Beispiele für die vier Grundtypen

Damit Sie sich langsam aber sicher mit den vier Grundtypen vertraut machen, wollen wir sie Ihnen an konkreten Beispielen ausführlicher verdeutlichen. Dazu greifen wir des Öfteren auf den Verkauf zurück. Die folgende Abbildung 4 zeigt die vier Grundtypen im Überblick.

Abbildung 4: Die vier INSIGHTS MDI®-Grundtypen

Der „feuerrote" und dominante Persönlichkeitstyp

Dieser Typ ist, wie gesagt, dominant und geht sehr sach- und zielgerichtet sowie ergebnisorientiert vor. Seine Stärken liegen neben Selbstbewusstsein und Entschlossenheit in der natürlichen Autorität: Er wird als Experte wahrgenommen. Eine feuerrote Persönlichkeit ist sehr handlungsorientiert, liebt schnelle Entscheidungen, treibt oftmals zur Eile an und wirkt diktatorisch. Er hat am liebsten die Kontrolle über alle Abläufe in seiner Hand. Er ist sehr kritisch, auch sich selbst gegenüber.

Rote Typen können auf andere aggressiv wirken. Zu ihren Schwächen gehört, dass sie zu ungeduldig sind, nicht richtig zuhören und zu schnell zur Sache kommen. Es ist zuweilen mühsam mit dem roten Typ. In Präsentationen oder Projektbesprechungen unterbricht er Kollegen häufig oder widerspricht ihnen, um die Kontrolle zu behalten.

Speziell für einen feuerroten Verkäufer gilt: Er weiß sehr genau, was er will – ein Kunden-Nein akzeptiert er nicht so schnell. Geduldiges Zuhören gehört jedoch nicht zu seinen Stärken, manchmal ist er blind für Alternativen. Mit seinem hochgradigen Expertenwissen, mit dem er gerne glänzt, und seiner natürlichen Autorität wirkt er auf Kunden zuweilen einschüchternd. Und auch Kunden, die Wert auf eine menschlich-freundschaftliche Beziehung legen und dem Small Talk nicht abgeneigt sind, fällt der Umgang mit ihm schwer. Wer hingegen eine kompetente Beratung sucht und kein Problem damit hat, sich im Gespräch leiten zu lassen, ist bei ihm an der richtigen Adresse.

Der feuerrote Verkäufer sollte daher an seiner Fähigkeit arbeiten, aktiv zuzuhören und das Kundengespräch durch Fragen zu leiten: Wer zuhört, erfährt mehr über den Kunden, als wenn er selbst Monologe hält. Da er oft als überrumpelnd, ja aggressiv wahrgenommen wird, sollte er überdies lernen, sich zurückzunehmen, andere Argumente zu überdenken und auch einmal etwas aus einer anderen als der eigenen Perspektive zu sehen.

Diese Verkäufer sind leicht an den folgenden Aussagen zu erkennen:

- „Problemkunden berate ich am liebsten – ich will zeigen, was ich kann."

- „Ein Kundengespräch ohne Abschluss ist verlorene Zeit – das Ergebnis ist wichtig.“
- „Die Ziele meines Unternehmens sind auch meine Ziele.“
- „Wenn ich den Kunden ‚überfalle‘ und ein wenig einschüchtere, steigen meine Erfolgschancen.“
- „Ich bin der Experte und weiß daher in der Regel besser als der Kunde, was er benötigt.“
- „Wenn ein Kunde Nein sagt, laufe ich erst richtig zur Höchstform auf.“

Die Übersicht fasst die Stärken und Schwächen des feuerroten Verkäufers zusammen:

Übersicht: Der feuerrote Verkäufertyp

Stärken:

- Selbstbewusstsein und Entschlossenheit verleihen ideale Autorität
- Wird als Experte wahrgenommen
- Übernimmt gerne schwierige Kunden
- Liefert prägnante und komprimierte Präsentationen ab
- Begeistert mit überzeugenden Lösungsvorschlägen
- Hervorragendes Follow-up

Schwächen:

- Aggressive und dominante Art kann Kunden einschüchtern
- Geht zu schnell zur Sache, der Beziehungsaufbau bleibt auf der Strecke

- Wird schnell ungeduldig und setzt voraus, dass der Kunde alles versteht
- Hohe Stornorate – der bedrängte Kunde macht den Kauf rückgängig
- Reißt das Gespräch oft an sich
- Falls der Kunde keine Herausforderung darstellt, verliert er das Interesse

Der „sonnengelbe" und initiative Persönlichkeitstyp

Dieser extravertierte Typ ist umgänglich, fröhlich und offen. Er verfügt über eine positive Ausstrahlung und will mit den Menschen gute Beziehungen aufbauen. Der Gelbe liebt es, neue Bekanntschaften zu knüpfen. Er ist kreativ und will als Visionär gerne seine Träume verwirklichen. Er plaudert gerne über dies und das, bevor er zur Sache kommt. Seine Vorschläge und Ideen sind oft genial, aber zuweilen auch unrealistisch.

Seine Widersacher sind die Detailverliebten, die sich nicht von seiner Begeisterung und seinem Elan mitreißen lassen, sondern seine Luftschlösser so lange hinterfragen, bis sie zusammenfallen.

Allerdings: Der gelbe Typ wirkt zuweilen oberflächlich. Selten übernimmt er die Verantwortung für bestimmte Entscheidungen. Vor allem nicht, wenn etwas schief geht. Er liebt ein kollegiales, lockeres Umfeld, in dem sich jeder frei ausleben kann. Dies kann jedoch dazu führen, dass Absprachen nicht ernst genommen und übertragende Aufgaben nicht zielgerichtet erledigt werden.

Beim sonnengelben Verkäufer verhält es sich so, dass er aufgrund seiner Eloquenz und verbindlich-optimistischen Art schnell eine emotionale Beziehung zum Kunden herstellen kann. Stark ist er vor allem bei der Kaltakquisition – er kann Menschen schnell begeistern. Doch da bei ihm die Produktkenntnisse nicht im Vordergrund stehen, glaubt er oft, Aufträge vor allem über eine freundschaftliche Beziehung zum Kunden akquirieren zu können. Sein Motto lautet: „Hauptsache, der Kunde mag mich. Dann kann ich ihn auch von meinen Produkten und Dienstleistungen überzeugen."

Er muss darum darauf achten, im Kundengespräch den Kundennutzen und die Darstellung der Produktvorteile nicht zu vernachlässigen. Er muss sich auf die Kundengespräche besser vorbereiten. Bei der Einwandbehandlung neigt er dazu, Konflikten und schwierigen Gesprächssituationen auszuweichen – er lässt es gerne „menscheln". Und das ist auch in Ordnung, solange er dabei nicht die Grenze zur Aufdringlichkeit überschreitet. Denn dadurch würde er die Kunden verschrecken, die eher Wert auf Fakten legen.

Und das sind typische Aussagen des sonnengelben Verkäufers:

- „Wenn ich mit dem Kunden eine gute zwischenmenschliche Beziehung aufbaue, habe ich gute Chancen, zum Abschluss zu gelangen."
- „In der Eröffnungsphase des Kundengesprächs komme ich nicht gleich zum Geschäftlichen, sondern mache lieber erst Small Talk."
- „Es ist wichtiger, zum Kunden ein Vertrauensverhältnis aufzubauen, als über das Produkt zu informieren."
- „Ich leite den Kunden nicht zum Abschluss – er muss allein entscheiden."

- „Der Kunde schließt ab, wenn er mich mag."

Übersicht: Der sonnengelbe Verkäufertyp

Stärken:

- Kaltakquisition
- Kunde entspannt sich durch lässigen Stil des sonnengelben Verkäufers
- Ist einfallsreich, anpassungsfähig und flexibel
- Bietet unterhaltsame Präsentationen
- Reißt den Kunden durch seine Begeisterung für eine Lösung mit
- Gesprächsabschluss ist meist einfallsreich
- Kreatives und geselliges Follow-up

Schwächen:

- Vorbereitung oft unzureichend
- Themenbereich wird nicht abgeschlossen, bevor zum nächsten gewechselt wird
- Wirkt reißerisch und übertrieben
- Zu wenig Geduld, um auch Details in Ruhe zu klären
- Verliert rasch das Interesse, wenn die Alltagsarbeit einsetzt
- Vertraut zu sehr darauf, dass der Kunde schon kaufen wird – „weil er mich ja mag!"

Der „erdgrüne" und stetige Persönlichkeitstyp

Dieser introvertierte Typ ist mitfühlend und geduldig, beständig und zuverlässig. Mit seinen Mitmenschen möchte er eine spannungsfreie und kooperative Beziehung aufbauen. Dabei drängt es ihn nach Beständigkeit und Sicherheit. Er beschäftigt sich viel mit der Beziehungsebene zwischen Menschen und kann sich auf andere einlassen.

Er ist sehr zuverlässig, höflich, aber auch zurückhaltend. Mit seiner schweigsamen Art hat er Schwierigkeiten, andere zu motivieren und zu begeistern. Zudem strahlt er eine grundsätzlich Unentschiedenheit und Skepsis aus. Das macht es schwer, von ihm eine klare Aussage zu bekommen. Er hält sich gerne alle Türen offen.

Der erdgrüne Verkäufer ist ein bodenständiger Typ, der dem Kunden gegenüber partnerschaftlich und loyal auftritt, ihn sachlich und detailliert informiert. Er versucht, sich in ihn hineinzuversetzen, ist die Zuverlässigkeit in Person und ein anerkannter Beziehungsmanager und beliebter Kollege. Unermüdlich arbeitet er an Strategien und Methoden, mit denen er den Bedarf des Kunden erkennen und den Kunden langfristig an sich binden kann.

Doch seine Stärken sind zugleich die Ursachen für seine Schwächen: Im Verkaufsgespräch wirkt er zu zurückhaltend, er überlässt dem Kunden die Initiative und legt wenig Entscheidungsfreude an den Tag. Durch das Festhalten am Bestehenden, die Angst vor Veränderungen und ein stark ausgeprägtes Sicherheitsbedürfnis verpasst er oft Verkaufschancen. Denn er ist der Meinung, die Entscheidung und die Einwände des Kunden sowieso nicht steuern oder entkräften zu können. Wenn er auf einen introvertierten Kunden trifft, der sich im Unklaren ist, ob und was er kaufen soll, droht das Gespräch im Sande zu verlaufen. Und bei einem dominanten Kunden geht er manchmal den unteren Weg.

Dieser Verkäufer sollte im Kundengespräch aktiver vorgehen, also mehr agieren als reagieren. Viele Kunden haben keine konkreten Vorstellungen und wollen beraten und gelenkt werden. Zum anderen würde ihm etwas mehr Begeisterung und Enthusiasmus gut anstehen. Durch ein größeres Selbstvertrauen und mehr Vertrauen in seine Nutzenargumente gewinnt er an Überzeugungskraft.

Typische Aussagen sind:

- „Wenn mir ein Kunde gegenüber tritt, weiß er genau, was er will. Meine Einflussnahme ist daher zwecklos."
- „Wichtig ist, dass ich dem Kunden zuhöre und er mir vertraut."
- „Erfolg habe ich, wenn ich mich an einen Gesprächsleitfaden halte und auf keinen Fall davon abweiche."
- „Konflikte vermeide ich – Harmonie liegt mir mehr am Herzen als der konträre Austausch von Argumenten."
- „Seriöses und zurückhaltendes Verhalten und die Darstellung von Fakten sind wichtiger, als im Kunden das Feuer der Begeisterung zu wecken."
- „Ehrlichkeit im Kundengespräch ist mein höchstes Gut und das Pfund, mit dem ich wuchern kann."

Übersicht: Der erdgrüne Verkäufertyp

Stärken:

- Stark bei der langfristigen Kundenpflege
- Baut schnell eine Brücke zum Kunden auf und bricht das Eis
- Analysiert genau, was der Kunde braucht und hört ihm aufmerksam zu
- Bietet überzeugende und konsequente Präsentation
- Warmer und aufrichtiger Abschluss
- Gründliches und gutes Follow-up

Schwächen:

- Verkrampft in ungewohnter Umgebung und wirkt bemüht und angestrengt
- Manchmal treten seine persönlichen Wertvorstellungen zu deutlich in den Vordergrund
- Präsentationen fehlt es zuweilen an Begeisterung und Flair, weil er sich unsicher fühlt
- Vermeidet unangenehme Situationen und will Kunden nicht verletzen
- Probleme beim Follow-up raubt ihm Motivation

Der „eisblaue" und gewissenhafte Persönlichkeitstyp

Dieser Typ hinterfragt Informationen und überlegt sich eine Sache lieber einmal zu viel. Er geht analytisch vor und wirkt oft distanziert. Er analysiert gründlich alle Aspekte einer Frage, bevor er sich ein Urteil bildet. Er ist ein Experte auf seinem Gebiet.

Er kennt jedes Detail und weiß auf jede Frage eine Antwort. Aber nach außen hin wirkt er eher distanziert und scheinbar unbeteiligt. In schwierigen Situationen hört er nachdenklich und sehr genau zu. Dabei sammelt er Zahlen, Daten und Fakten. Seine Faszination für Details kann allerdings zur Folge haben, dass er das große Ganze aus dem Blick verliert. Probleme hat er mit Menschen, die nicht auf den Punkt kommen und viel reden. Der blaue Typ wirkt oft etwas steif, still und verschlossen, was den Kontakt behindern kann. Bei gesellschaftlichen Ereignissen und großen Veranstaltungen fühlt er sich oft unwohl, denn er ist kein Typ für Small Talk.

Dieser sach- und aufgabenorientierte Verkäufertyp folgt dem Motto: „Erst nachdenken, prüfen und nochmals prüfen – und dann handeln." Bevor er dem Kunden zu etwas rät, hat er die Sache gründlich durchdacht, alle verfügbaren Informationen eingeholt, das Für und Wider sorgfältig abgewogen. Aber: Kundenbeziehungen leben auch davon, dass zwischen dem Kunden und dem Verkäufer ein Vertrauensverhältnis entsteht, und damit hat der introvertierte Eisblaue häufig Schwierigkeiten. Seine Detailverliebtheit kann zur Entscheidungsschwäche führen, seine Furcht, eine Fehlentscheidung zu treffen, zu mangelnder Handlungsorientierung. Er sollte lernen, neben dem Produktnutzen auch den konkreten Kundennutzen darzustellen, etwa indem er es trainiert, sich in den Kunden hineinzuversetzen.

Seine typischen Aussagen:

- „Kunden wollen über den Verstand angesprochen werden."
- „Bei Geschäften zählen ausschließlich Fakten, Fakten, Fakten – Gefühle spielen keine Rolle."
- „Wer Visionen hat, muss zum Arzt gehen."

- „Ich habe Erfolg, wenn ich alles über das Produkt weiß und jede Kundenfrage korrekt beantworten kann."
- „Einwänden begegne ich am besten, wenn ich sie nach dem Gespräch schriftlich widerlege."
- „Zeit ist für den Kunden Geld – also belästige ich ihn nicht mit persönlichen Fragen."

Auch zu diesem Verkäufertyp bieten wir Ihnen einen Überblick:

Übersicht: Der eisblaue Verkäufertyp

Stärken:

- Ist ein echter Experte – und strahlt dies auch aus
- Hervorragende Vorbereitung auf den ersten Kontakt
- Meister der sondierenden Fragen
- Weiß einfach alles über das Produkt/die Dienstleistung
- Wertet die Situation und die Fakten sehr gründlich aus
- Bietet detaillierte Präsentationen
- Perfektes Follow-up

Schwächen:

- Wirkt eher still und verschlossen
- Eisbrechen und Small Talk sind nicht seine Sache
- Seine eindringlichen Fragen können vom Kunden als aufdringlich, kritisch und taktlos empfunden werden
- Verliert vor lauter Details das Ziel aus den Augen
- Kunde kann das Interesse verlieren, weil ihm der Kontakt zu unpersönlich ist

STOPP!

Damit Sie ein Gefühl dafür gewinnen, welche Persönlichkeitseigenschaften und verkäuferischen Fähigkeiten die einzelnen Grundtypen aufweisen, sollten Sie jetzt versuchen, sich selbst und dann Ihre Kunden und Mitarbeiter jeweils einem der Grundtypen zuzuordnen. Sie haben ja die Beschreibungen der Farbtypen gelesen. Nutzen Sie bei der Übung das Vokabular, das Sie kennengelernt haben. Sie werden dann merken, wie Sie immer vertrauter mit den Begrifflichkeiten umgehen.

Machen Sie sich mit der Typologie immer mehr vertraut

In den Kapiteln 5 bis 7 beschäftigen wir uns intensiver damit, wie Sie die Persönlichkeitstypologie im Recruiting, im Verkauf und bei der Mitarbeiterführung einsetzen.

Jetzt geht es vor allem darum, dass Sie sich mit der Typologie immer vertrauter machen.

Gerade dann, wenn es um Kundenbeziehungen geht, sind die Potenzialanalysen von INSIGHTS MDI® ein unerlässliches, weil sehr hilfreiches Werkzeug. Bei der Kundenakquisition und der Kundenbetreuung gelingt es Verkäufern so, Kunden richtig einzuschätzen. Auch Vertriebsleiter sind dann in der Lage, die Verhaltenspräferenzen der Kunden besser einzuordnen und die Verkäufer darauf vorzubereiten, wie sie am besten in die Welt des jeweiligen Kunden eintauchen können. Natürlich gibt es auch feuerrote, sonnengelbe, erdgrüne und eisblaue Kunden. Wer weiß, mit welchen Kunden er es zu tun hat, kann entsprechend agieren und einem bestimmten Kundentypus einen Verkäufer zuordnen, dem es mit einiger Wahrscheinlichkeit leicht fällt, sich mit dem Kunden auf einer Wellenlänge einzuschwingen.

Zudem erhalten Sie mit INSIGHTS MDI® einen Überblick über die eigenen Verhaltenspräferenzen, Stärken und Fähigkeiten. Sie können Ihre Wirkung auf andere einschätzen und mit Überzeugung und Aufrichtigkeit auf Mitarbeiter und Kunden zugehen. Sie lernen Ihre Stärken bewusst einzusetzen und Ihre Schwächen bewusst zu vermeiden. Ein Vertriebsleiter, der nach der Analyse weiß, dass er – zum Beispiel – zum sonnengelben Typus gehört, ist sich der Tatsache bewusst, dass er aufgrund seiner kommunikativen Art auf Mitarbeiter und Kunden aufdringlich wirken könnte. Da die meisten Sonnengelben schlecht „Nein“ sagen können, wird dies von den Mitarbeitern oft ausgenutzt. Wenn Sie zu den gelben Führungskräften gehören, haben Sie nun aber die Möglichkeit, an Ihrer Außenwirkung zu arbeiten und Schwächen abzustellen. Zudem erhalten Sie als Führungskraft Aufschluss über die besonderen Fähigkeiten, Stärken und Schwächen Ihrer Verkäufer. Sie werden zum Beziehungsmanager und gehen individuell auf Ihre Mitarbeiter ein. Nehmen wir als Beispiel das Kritikgespräch – wie sollte sich ein Vertriebsleiter verhalten?

- Im Gespräch mit dem feuerroten Mitarbeiter wird er sehr konkret. Der rote Typ reagiert bei Kritik zuweilen aggressiv und ungeduldig, vor allem dann, wenn er sie als ungerechtfertigt empfindet. Der Vertriebsleiter begründet die Kritik daher ausreichend und stellt ihm klar vor Augen, welche Folgen sein Verhalten hat.
- Bei der sonnengelben Mitarbeiterin besteht die Gefahr, dass sie die Kritik als persönlichen Angriff missversteht. Zudem ignoriert sie konfliktträchtige Angelegenheiten häufig. Der Vertriebsleiter bringt seine Kritik daher behutsam vor. Neben dem sachlichen Aspekt achtet er auf die Beziehungsebene.
- Der erdgrüne Typ reagiert auf Kritik oft sehr verunsichert und nimmt sie wie ein Urteil hin. Der Vertriebsleiter versucht, ihn

bei der Konfliktlösung zur aktiven Teilnahme zu motivieren. Das gelingt am besten, wenn er ihm alle wichtigen Hintergrundinformationen zu dem Konflikt an die Hand gibt.
- Der eisblaue Typ neigt dazu, Kritik einer übergenauen Analyse zu unterziehen. Die Aufgabe der Führungskraft besteht darin, ihn von der Konfliktanalyse zur Konfliktlösung zu führen. Da dieser vorsichtige Mitarbeiter oft die Übernahme von Verantwortung scheut, unterstützt der Chef ihn bei der Konfliktlösung.

Werfen wir noch einen Blick auf die Teamarbeit: Wenn eine Aufgabe im Team erledigt werden soll, können Sie mithilfe der INSIGHTS MDI®-Analyseergebnisse die besonderen Fähigkeiten der Teammitglieder einordnen und aufeinander abstimmen. So kann es im Interesse einer optimalen Aufgabenerfüllung liegen, ein Team zu bilden, in dem möglichst unterschiedliche Persönlichkeitstypen sitzen und jedes Teammitglied seine individuellen Stärken einbringen kann, die sich dann ergänzen. Andererseits: Wenn der extravertierte und dominante feuerrote Verkäufer und die analytisch veranlagte, vorsichtige eisblaue Kollegin gemeinsam eine Aufgabe bearbeiten sollen, droht die Gefahr, dass der willensstarke Mitarbeiter die zurückhaltende Verkäuferin unterdrückt.

Die Erweiterung der Typologie auf acht Typen

Sie wissen es ja bereits: Zwischen den vier Grundtypen kommt es zu Überschneidungen. Ein Mensch kann zum Beispiel starke rote Anteile haben, aber zugleich auch deutlich gelbe Anteile. Um diesen Mischformen gerecht zu werden, nimmt INSIGHTS MDI® eine weitere Unterteilung vor, nämlich in acht Typen, die nach ihrer jeweiligen prägenden Eigenschaft wie folgt benannt sind:

- Direktor
- Motivator
- Inspirator
- Berater
- Unterstützer
- Koordinator
- Beobachter
- Reformer

Die Abbildung 5 zeigt die acht Typen im typischen INSIGHTS MDI®-Rad.

Abbildung 5: Das INSIGHTS MDI®-Rad mit den acht Haupttypen

Die Stärken und Schwächen des Direktors

Der Direktor ist ein ziel- und ergebnisorientierter Bestimmer, für den vor allem die Leistung zählt. Er ist ehrgeizig, hat einen starken Willen und möchte beruflich und privat etwas erreichen. Er setzt seine Ziele erfolgreich durch. Zu seinen Stärken gehört seine Durchsetzungsfähigkeit. Er verliert seine Ziele nicht aus den Augen und kann klare, effektive Strategien entwerfen, um diese zu erreichen. Er ist vorausschauend, wägt die Konsequenzen seiner Entscheidungen ab und ist entschlussfreudig. Er arbeitet schnell und meist unter Hochdruck. Er gibt sich nicht mit mittelmäßiger Arbeit zufrieden. Deswegen ist er beruflich oft sehr erfolgreich. Er ist auf den eigenen Vorteil bedacht und kann sich eloquent und taktisch klug durchsetzen.

Zu seinen Schwächen gehört, dass er auf die Bedürfnisse und Gefühle anderer Menschen nicht gerne eingeht. Rücksichtnahme und Einfühlungsvermögen – das sind nicht gerade seine Stärken. Er hat nicht gerne Vorgesetzte über sich. Gegenüber einem Vertriebsleiter etwa wird er in Konkurrenz gehen und versuchen, seine eigenen Entscheidungen zu treffen.

Der Direktor ist an Macht, Ansehen und Geld interessiert. Ausschlaggebend ist aber die Entscheidungskompetenz, die ihm gewährt wird. Je mehr er eigenständig entscheiden, seine eigenen Strategien entwickeln und diese in eigener Verantwortung umsetzen kann, desto engagierter geht er an die Arbeit.

Im Überblick: Der Direktor

Ziele	Dominanz, Unabhängigkeit, Veränderung, Ergebnisse

Verhalten	Schnell, entschlossen, scharfsinnig, unter Umständen rücksichtslos
Stärken	Führung, Ziele umsetzen, Herausforderungen annehmen, Risiken eingehen, delegieren, selbstsicher, mutig
Schwächen	Ungeduldig, auf sich bezogen, konkurrierend
Wirkung auf andere	Drängend, ungeduldig, effektiv, sachlich, dominierend, einschüchternd

Die Stärken und Schwächen des Motivators

Seine Fähigkeit besteht darin, andere für die Ziele, die er sich gesteckt hat, zu gewinnen. Er führt gerne andere Menschen. Aber nicht, indem er ihnen Anweisungen gibt, sondern indem er sie mitreißt. Denn er verfügt über große Beziehungsstärke. Er hat seine Ziele oder die seines Unternehmens klar vor Augen und ist entschlossen, sie zu erreichen. Er will seine eigenen Entscheidungen treffen, aber er bezieht dabei andere mit ein.

Der Motivator kann sehr gut auf andere Menschen eingehen. Das ist eine sehr gute Voraussetzung für gelungene Kundenkontakte. Er verfügt über eine große Intuition und besitzt die Fähigkeit zuzuhören. Beides befähigt ihn, andere Menschen zu verstehen und rasch herauszufinden, wie er mit ihnen umgehen muss, um seine Ziele zu erreichen. Er gewinnt leicht die Sympathien anderer Menschen. Er ist sehr eloquent und kann andere hervorragend überzeugen. Er hat eine ungemein positive Ausstrahlung, die sich auf andere überträgt.

Allerdings: Der Motivator ist zuweilen zu optimistisch und verkennt darüber die Realität. Er muss dann feststellen, dass seine optimistischen Prognosen bei genauer Analyse der Wirklichkeit nicht standhalten. Menschen, die sehr sachlich sind und ihre Gefühle nicht äußern, langweilen ihn. Es fällt ihm schwer, bei der Sache zu bleiben. Leicht passiert es auch, dass er zu viel redet und auf die anderen Menschen nicht mehr eingeht. Er braucht viel Abwechslung und immer wieder neue Projekte. Außerdem braucht er Menschen um sich herum, die er für seine Ideen und Pläne gewinnen kann.

Im Überblick: Der Motivator

Ziele	Macht, Anerkennung, Ergebnisse mithilfe von anderen erzielen
Verhalten	Überzeugen, mitreißen, motivieren, reden
Stärken	Optimismus, Beziehungs- und Kontaktstärke, Begeisterungsfähigkeit, gute Laune
Schwächen	Vertrauensselig, zu optimistisch, geltungssüchtig, oberflächlich
Wirkung auf andere	Optimistisch, motivierend, gesellig, voller Energie

Die Stärken und Schwächen des Inspirators

Dieser Typus ist eloquent, stark im Kontakt mit anderen Leuten, sehr ideenreich und flexibel. Er ist ein lebhafter, meist gut gelaunter Mensch voller Ideen, Pläne und Einfälle. Er sprüht vor Energie und liebt es, vor vielen Menschen aufzutreten und zu reden. Mit seiner Redegewandtheit nimmt der Inspirator andere für seine Ideen und für sich selbst ein. Er ist umgänglich, freundlich und humorvoll. Er kann seine Zuhörer fesseln und unterhalten und sie mit seinem Charme und Witz fesseln. Er steht gerne im Rampenlicht, je mehr Zuhörer er hat, desto besser. Lampenfieber oder Selbstzweifel kennt er nicht, er ist voller Optimismus und geht grundsätzlich davon aus, dass er andere für sich einnehmen kann.

Wenn er sich inspiriert fühlt, kann er einmalige Ideen kreieren oder Visionen malen. Er sieht nicht die Probleme, sondern stets die Chancen und Möglichkeiten. Die Umsetzung der Ideen ist aber nicht die Sache des Inspirators. Er ist sprunghaft und verzettelt sich in seinen vielen Aktivitäten. So verpuffen viele seiner guten Ideen. Sein Optimismus verleitet ihn, die Realität manchmal zu rosig zu sehen und die Tragweite von auftauchenden Schwierigkeiten zu unterschätzen. Hinzu kommt: Er möchte immer wieder neue Menschen kennen lernen, auf intensive, tiefgehende Freundschaften legt er keinen Wert.

Einen Inspirator motivieren neue Projekte, neue Bekanntschaften, neue Ideen. Er verfügt gerne über einen Freiraum, in dem er seine Zeit selbst einteilen kann.

Im Überblick: Der Inspirator

Ziele	Popularität, Bestätigung, Ideen anregen
Verhalten	Spontan, begeisternd, sprunghaft, eloquent

Stärken	Redegewandtheit, Begeisterungsfähigkeit, Kontaktstärke, Humor
Schwächen	Oberflächlich, unzuverlässig, unorganisiert
Wirkung auf andere	Mitreißend, unterhaltsam, egozentrisch

Die Stärken und Schwächen des Beraters

Er denkt an andere und das Team, ist auf Harmonie und Ausgleich der Interessen bedacht. Bei ihm handelt es sich um einen Familienmenschen. Der Job ist für ihn bei Weitem nicht alles. Er ist sehr warmherzig und anderen Menschen zugewandt. Er verfügt über eine große Beziehungsstärke. Er kommt ebenfalls leicht in Kontakt mit anderen, ist aber wirklich an ihnen interessiert, hört zu und versucht, sie und ihre Anliegen genau zu verstehen. Dadurch baut er auf eine fast schon spielerische Weise intensive Kundenkontakte auf.

Der Berater ist ein guter Teamarbeiter, der sich die Ziele des Teams zu eigen macht und sich intensiv dafür einsetzt. Er fügt sich gerne ein und ist absolut loyal. Zudem erledigt er seine Aufgaben gewissenhaft und setzt sich für ein gutes Arbeitsklima ein. Er übernimmt jedoch nicht gerne die letzte Verantwortung. Er wünscht sich daher einen Vertriebsleiter, der die großen Leitlinien bestimmt, denen er sich gerne unterwirft. Muss er zu selbstständig arbeiten, wird er unsicher.

Ist er von Menschen persönlich enttäuscht, dann vergisst er das nie. Er stellt seine eigenen Interessen gegenüber den Interessen anderer zurück, und ist dabei oft zu nachgiebig. Der Berater braucht ein harmonisches Umfeld, um sich auf seine Arbeit konzentrieren zu können. Außerdem benötigt er Stabilität und genügend Vorbereitungszeit auf Veränderungen. Findet er zu wenig Zeit für seine Familie oder Freunde, dann verliert er die Lust an der Arbeit.

Im Überblick: Der Berater

Ziele	Fürsorge, Unterstützung geben, Harmonie, Stabilität, Ideen umsetzen
Verhalten	Empathisch, zuhören, nachfragen, nach Gemeinsamkeiten suchen
Stärken	Tolerant, zuverlässig, loyal, verständnisvoll
Schwächen	Vermeidet Entscheidungen, zögerlich, zu sehr auf Personen fixiert
Wirkung auf andere	Herzlich, entgegenkommend, ausgleichend, kollegial

Die Stärken und Schwächen des Unterstützers

Er verfügt über Beziehungsstärke und leistet die beste Arbeit, wenn er klare Anweisungen sowie ein überschaubares und konstantes Umfeld hat. Er ist zuverlässig und leistet loyal seine Arbeit. Der Unterstützer braucht Zeit, bis er mit anderen Menschen in Kontakt kommt, aber dann ist er bereit, sich selbstlos und engagiert für sie einzusetzen.

Auf den ersten Blick wirkt er reserviert und misstrauisch. Er schaut sich andere Menschen erst einmal genau an, ehe er mit ihnen in Kontakt tritt. Er kann aber sehr enge Beziehungen zu einer kleinen Gruppe von Menschen entwickeln – deshalb ist er ein hervorragender Teamarbeiter.

Reden vor großem Publikum, Verhandlungen mit bisher unbekannten Geschäftspartnern oder Messeauftritte liegen ihm nicht. Mit Veränderungen kommt er überhaupt nicht klar, er braucht viel Zeit, um sich darauf einzustellen. Einen Unterstützer motivieren Routine, Überschaubarkeit und Ruhe. Er setzt sich für alles vehement ein, was seinen Werten und Überzeugungen entspricht.

Im Überblick: Der Unterstützer

Ziele	Stabilität, Pläne umsetzen
Verhalten	Beständig, ruhig, hilfsbereit
Stärken	Umsetzung, großer Einsatz, Selbstlosigkeit
Schwächen	Angepasst, unterwürfig
Wirkung auf andere	Freundlich, sehr hilfsbereit, zurückhaltend

Die Stärken und Schwächen des Koordinators

Er ist hilfsbereit und entgegenkommend und erkennt rasch komplexe Zusammenhänge. Er stellt hohe Ansprüche an seine Arbeit und seine Umgebung, aber auch an sich selbst. Er macht Wertarbeit – und das braucht seine Zeit. Der Koordinator geht mit viel Disziplin und Sorgfalt an die Arbeit, die er präzise und strukturiert ausführt. Selten finden andere Fehler in seiner Arbeit, da er sie so lange überprüft, bis sie einwandfrei ist. Er tüftelt gerne und sucht nach Lösungen für komplexe Probleme.

Er ist durchaus interessiert an Kontakten zu Menschen – aber nur wenigen. Für sie setzt er sich mit hohem Engagement ein. Er ist sehr hilfsbereit und zuverlässig. Kritik und Einwände bringt er diplomatisch vor, um andere nicht zu verletzen. Für seine Arbeit braucht er Zeit. So läuft er Gefahr, sich in Details zu verlieren. Mit Stress oder Chaos konfrontiert, wird er nervös. Der Koordinator hat Angst, von anderen ausgenutzt zu werden, und muss dieses Misstrauen erst langsam überwinden. Über seine unmittelbare Projektarbeit hinaus übernimmt er nicht gerne Verantwortung.

Er braucht ein stabiles Umfeld, das wenige Veränderungen mit sich bringt. Anspruchsvolle Aufgaben, bei denen er sein Expertenwissen einbringen kann, motivieren ihn ebenso wie die Aussicht, genügend Zeit dafür zu haben.

Im Überblick: Der Koordinator

Ziele	Sicherheit, Präzision, Umsetzung
Verhalten	Nachdenklich, präzise, genau
Stärken	Zuverlässigkeit, Genauigkeit, konzeptuelle Stärke, Loyalität
Schwächen	Misstrauisch, reserviert

Wirkung auf andere	Zurückhaltend, seriös, freundlich

Die Stärken und Schwächen des Beobachters

Er beschäftigt sich lieber mit Sachen als mit Menschen. Er ist ein Denker und Tüftler, der, sofern er genügend Zeit hat, hervorragende Lösungen erarbeitet. Der Beobachter ist vor allem an der Sache und so gut wie gar nicht an anderen Menschen interessiert.

Er ist ein Experte, der gerne komplizierte Probleme löst, Untersuchungen durchführt oder Analysen erstellt. Mit Geduld und Akribie versenkt er sich in seine Arbeit und ist froh, wenn ihn keiner dabei stört. Seine Arbeit ist sehr anspruchsvoll und herausfordernd. Er legt hohe Maßstäbe an ihre Qualität – und auch an sich selbst. Der Beobachter hat die Fähigkeit, den Überblick über das Gesamte zu bewahren und eine Gesamtschau zu liefern. Damit ermöglicht er es anderen, Orientierung zu finden und ihren Beitrag zum Gesamten zu erkennen.

Der Beobachter hat im Grunde genommen kein Interesse an anderen Menschen – das gilt aber nicht für seine engste Familie. Bei anderen Menschen beeindrucken ihn Wissen und Verstand. Für Plausch und Small Talk ist er nicht zu haben. Allem Neuen gegenüber ist er skeptisch. Er braucht Zeit, sich durch intensive Analyse von dessen Nutzen zu überzeugen. Ihn motivieren Herausforderungen und die Möglichkeit, sein Wissen zu erweitern und sich intensiv mit einem Problem zu befassen.

Im Überblick: Der Beobachter

Ziele	Gesamtschau, Vorhersehbarkeit
Verhalten	Genau, analysierend
Stärken	Analytisches Denken, Strategien, Intuition, Zuverlässigkeit
Schwächen	Kühl, reserviert
Wirkung auf andere	Sachlich, unnahbar, diszipliniert, Experte

Die Stärken und Schwächen des Reformers

Er braucht ein klares Ziel und kann schwierige Zusammenhänge auch unter Zeitdruck bearbeiten. Sein Perfektionsdrang und sein Umsetzungswille dominieren. Er ist ebenfalls ein Denker. Er schließt den Kreis zum Direktor und verfügt wie dieser über einen großen Ehrgeiz und den Willen, immer der Erste zu sein.

Der Reformer will stets Ergebnisse sehen – und die sollen möglichst erstklassig sein. Bei ihm paaren sich Perfektionismus mit Entscheidungsstärke und Wettbewerbsdenken. Er kennt seine Ziele und verliert sich nicht im Detail. Dabei ist er sehr gut organisiert und strukturiert. Er geht entschlossen an seine Projekte und ist sehr wettbewerbsorientiert. Er kann schnell und scharfsinnig denken und sich hundertprozentig auf das konzentrieren, was er gerade macht.

Sein Anspruch, gleichzeitig perfekt und der Erste am Markt zu sein, gleicht manchmal der Quadratur des Kreises. Es frustriert den Reformer, dass er nicht alles bedenken und im Voraus planen kann. Risiken geht er nicht gerne ein. Der Umgang mit Menschen ist nicht seine Stärke. Er ist am Erfolg interessiert und stellt die Sache in den Vordergrund. Er wird durch Siege und Erfolge motiviert. Wenn es ihm tatsächlich gelingt, ein erstklassiges Produkt als Erster auf den Markt zu bringen, ist das die größte Motivation für seine Arbeit.

Im Überblick: Der Reformer

Ziele	Erstklassigkeit, Ergebnisse, neue Ideen
Verhalten	Analysierend, entscheidend
Stärken	Herausforderungen, Sorgfalt, Beständigkeit
Schwächen	Zweifel, Pessimismus, autoritäres Auftreten
Wirkung auf andere	Zurückhaltend, kritisch, kühl

STOPP!

Und noch einmal – ordnen Sie wiederum sich selbst und dann Ihre Mitarbeiter jeweils einem der acht Persönlichkeitstypen zu. Nutzen Sie wiederum das Vokabular, um zunächst einmal sich selbst und dann einen Ihrer Verkäufer zu beschreiben.

Hintergrundinformationen zum Modell: Basisstil, adaptierter Stil und das INSIGHTS MDI®

Jeder Mensch verfügt über einen Basisstil und einen adaptiert-angepassten Stil. Was heißt das im Zusammenhang mit unserer Persönlichkeitstypologie?

Nehmen wir an, Sie haben Familie, beschäftigen sich zu Hause liebevoll mit Ihren Kindern, werkeln an Ihrem Haus herum, mögen das gute Gespräch mit Freunden und sind eher zurückhaltend und auf Harmonie bedacht. Sie wissen aber genau, dass Sie in Ihrer Arbeit damit nicht weiterkommen. Deshalb haben Sie es sich angewöhnt, sich im Beruf viel härter, entscheidungsfreudiger und durchsetzungsfähiger zu verhalten, als es Ihnen eigentlich liegt. Sie sehen: Sie haben zwei verschiedene Verhaltensstile: einen Basisstil und einen adaptierten:

- Der Basisstil zeigt an, wie Sie sich selbst sehen. Ihr Verhalten im privaten Umfeld ist am wenigsten bewusst gewählt. Es ist so, wie es Ihrer Persönlichkeit im Grunde entspricht. Deshalb verändert sich dieser Stil im Laufe der Jahre kaum. Er beruht auf Ihrem instinktiven Verhalten, das aus Ihrer persönlichen Lebensgeschichte resultiert. Darum zeigen Sie diesen Stil auch in Belastungssituationen.
- Ihr adaptierter Stil betrifft Ihre soziale Rolle. Sie entwickeln ihn in Reaktion auf Ihr Umfeld. In dieser Art wollen wir uns anderen präsentieren, weil es im gegebenen Umfeld angemessen erscheint. Deshalb kann dieser Stil Schwankungen unterliegen. Wenn Sie zum Beispiel den Arbeitsplatz wechseln und merken, dass ein anderes Verhalten von Ihnen verlangt und erwartet wird, passen Sie sich an.

Was bedeutet das in der Praxis? Nehmen wir ein Beispiel aus dem Recruiting, Sie suchen nach der idealen Besetzung für eine vakante Position: Entscheidend für Ihre Bewertung eines Bewerbers ist der Basisstil.

Schließlich wollen Sie vor allem wissen und einschätzen können, über welche tatsächlichen Stärken und Schwächen ein Bewerber verfügt.

Und mit diesem Wissen sind Sie nun in der Lage, das folgende INSIGHTS MDI®-Rad in der Abbildung 6 zu lesen und zu interpretieren:

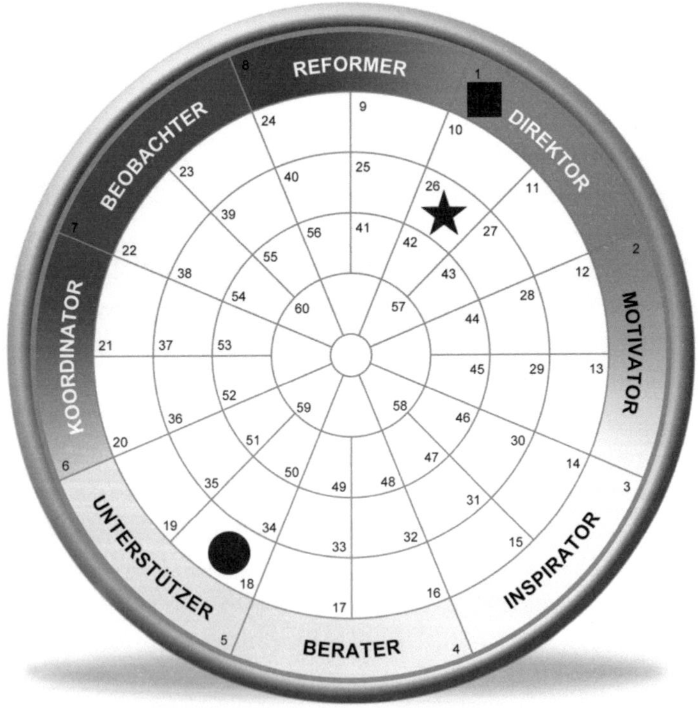

Abbildung 6: Der überforderte Bewerber

Die Abbildung stellt das Soll-Profil eines Verkäufers dar. Ein Unternehmen sucht für die Vertriebsabteilung einen dominanten und damit abschlussorientierten Spitzenverkäufer, der auch ein Team führen kann:

- Das *Quadrat* zeigt an, dass ein Direktor mit hoher Ergebnis- und Zielorientierung gesucht wird.
- Der Bewerber bringt von seinem Basisverhalten – symbolisiert durch den *Punkt* – eine hohe Beziehungs- und Menschenorientierung mit, er benötigt als Unterstützer ein beständiges Umfeld.
- Das beim Bewerbergespräch nach außen gezeigte Rollenverhalten, welches durch den *Stern* gekennzeichnet wird, weist auf einen sehr extravertierten selbstbewussten Auftritt hin, mit dem der Bewerber dem Soll-Profil des Jobs gerecht werden will. Der adaptierte Stil ist mithin weit vom Basisstil entfernt.

Das heißt also: Der Basisstil des Bewerbers entspricht dem Soll-Profil leider kaum. Diesen Spagat könnte der Kandidat im täglichen Job wohl nicht aufrechterhalten. Die Folgen wären Frustration, Stress, Überforderung und vielleicht auch Gesundheitsprobleme. Kurzum: Er ist für die Stelle nicht geeignet und wird sich sehr schwertun, den Erfordernissen dieses Arbeitsplatzes zu entsprechen.

Wichtig für Sie: Um ein Profil mit Hilfe des INSIGHTS MDI®-Rades verstehen und lesen zu können, müssen Sie wissen (siehe dazu Abbildung 6):

- Das Quadrat bezeichnet das Soll-Profil.
- Der Punkt bezeichnet den Basisstil.

- Der Stern bezeichnet den adaptierten Stil, also die bewusst gezeigten Verhaltensstrategien.

INSIGHTS MDI® identifiziert über 500 verschiedene Kombinationen von Verhaltenspräferenzen und stellt diese auf den Positionen des INSIGHTS MDI®-Rades dar – dabei gilt:

- Liegt eine Position (Punkt oder Stern) auf dem äußersten Ring auf dem Rad, dann ist der Bewerber ein Haupttyp (1-8, also Motivator, Inspirator usw.). Das heißt, dass er über eine dominierende Präferenz (Rot, Gelb, Grün, Blau) verfügt.
- Ist er auf dem zweiten Ring positioniert (fokussiert, 9-24), dann erhöht sich seine Flexibilität, denn er hat zwei Präferenzen aktiv zur Verfügung.
- Befindet sich seine Position auf dem dritten Ring (25-40), dann verfügt er über drei nebeneinander liegende Präferenzen. Damit besitzt er eine hohe Flexibilität.
- Wenn seine Position auf dem vierten Ring (flexible Kreuzung, 41-56) liegt, dann ist er höchst flexibel, denn er hat nicht nur drei Präferenzen aktiv zur Verfügung, sondern auch die Konträrfarbe zur Hauptfarbe (also blau/gelb, rot/grün). Der Vorteil: Der Bewerber kann sehr leicht unterschiedliche Verhaltensweisen und Aufgaben adaptieren.
- Bei einer Position auf dem fünften Ring (Kreuzung, 57-60) stehen ihm zwei Präferenzen zur Verfügung, jedoch immer zwei gegenüberliegende Präferenzen. Er ist ebenfalls mit einer hohen Flexibilität ausgestattet.

Natürlich können Sie Ihre Gesprächspartner nicht immer jenen INSIGHTS MDI®-Fragebogen beantworten lassen, mit dem Sie zu detaillierten Ergebnissen bezüglich seiner Persönlichkeitsstruktur gelangen. Bei einem Bewerber oder bei einem Mitarbeiter, den Sie jeden Tag sehen, ist es vielleicht möglich, den

Fragebogen einzusetzen, bei einem Kunden nicht. Die gute Nachricht ist:

Sie können Ihr Wissen über Profiling^3, die Infos zu den sechs Antreibern und das Persönlichkeitsdiagnostiktool, zu einem Instrument verbinden, mit dem sich die Persönlichkeit Ihres jeweiligen Gesprächspartners erkennen lässt, ohne mit dem Fragebogen arbeiten zu müssen.

Und mit „Vogelhubers Profiling-Machine“ liegt dazu auch noch ein Trainingstool vor, mit dem Sie den Einsatz dieses Instruments einüben können.

Profiling^3, Motivatoren und INSIGHTS MDI® zu einem Menschenkenntnis-Tool kombinieren

Lassen Sie uns kurz Rückschau halten:

- Sie wissen, dass die Grundlage von Profiling^3 der Aufbau einer vertrauensvollen Beziehung ist.
- Ihre Selbstkenntnis und Menschenkenntnis sind durch Ihre Beschäftigung mit den Themen Selbstkenntnis und Menschenkenntnis gut entwickelt.
- Sie haben sich mit INSIGHTS MDI® beschäftigt und wissen die vier Grundtypen (roter Typ, gelber Typ, grüner Typ, blauer Typ) zu unterscheiden.
- Sie kennen die sechs Antreiber und Motivatoren (theoretisch, ökonomisch, ästhetisch, sozial, individualistisch und traditionell), die Menschen veranlassen, so zu denken und zu handeln, wie sie denken und handeln. Die Abbildung 7 zeigt

zu Ihrer Orientierung nochmals die Antreiber und ihre jeweiligen Dimensionen.

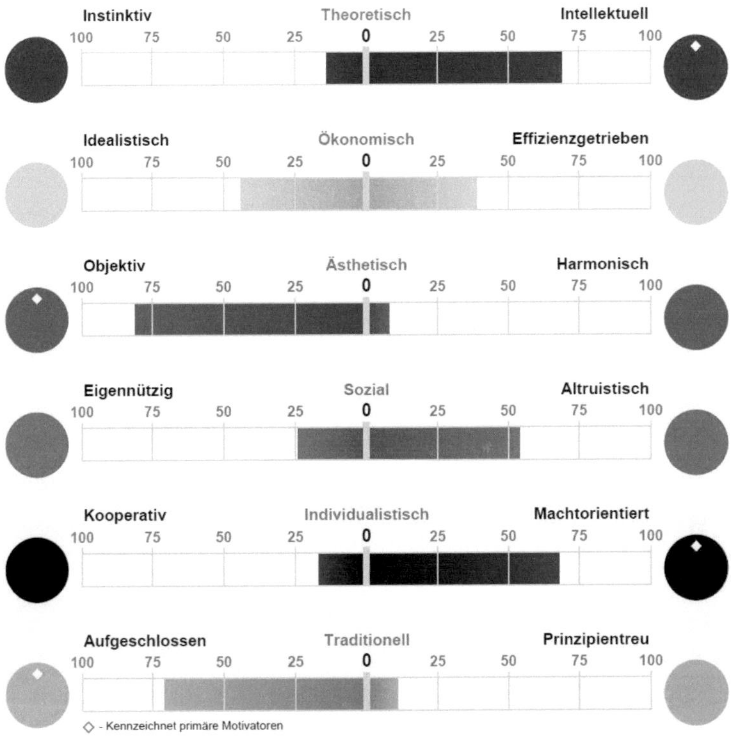

Abbildung 7: Die sechs Motivatoren und die zwölf Dimensionen

Angenommen, Sie begegnen einem Menschen, etwa einem Kunden im Verkaufsgespräch, einem neuen Mitarbeiter, einem Bewerber zum ersten Mal – Sie kennen die Person also nicht. Gehen Sie jetzt wie folgt vor:

1. Bestimmen Sie zunächst einmal, ob Ihr Gesprächspartner **extravertiert oder introvertiert** ist.
2. Darauf basierend können Sie Ihr Gegenüber vorsichtig einer der **vier Grundfarben** zuordnen.
3. Ist die andere Person nach außen gerichtet, gehört sie entweder dem **roten oder gelben** Persönlichkeitstypus an.
4. Erscheint sie gesprächig, involviert, begeisterungsfähig und enthusiastisch, liegt der **rote** Persönlichkeitstypus vor.
5. Erscheint Ihr Gesprächspartner ausdruckstark, handlungsorientiert und nach außen gerichtet, haben Sie mit einem **gelben** Persönlichkeitstyp zu tun.
6. Erscheint die Person dagegen eher introvertiert, also nach innen gerichtet, liegt ein **blauer oder grüner** Persönlichkeitstyp vor.
7. Der **blaue** Persönlichkeitstyp wirkt eher beobachtend, besonnen und reserviert.
8. Der **grüne** Persönlichkeitstyp agiert eher vorsichtig und reflektierend.
9. Damit haben Sie bereits eine gute Wegstrecke geschafft. Aber der Erkenntnisweg geht noch weiter!
10. Wie bereits erwähnt, lassen dass sich die Persönlichkeitstypen oftmals bereits am **äußeren Erscheinungsbild** einschätzen, wie der Kleidung, dem Auftreten oder der Gesprächsweise.
11. Daneben kann mit **einfachen Fragen** die Grundstruktur weiter erfragt werden, um den Grundtypus des Gesprächspartners weiter zu bestimmen.
12. Danach sollten **die Antreiber erfragt** werden. Hierzu können, bezugnehmend auf die Person, der Reihe nach einfache Fragen zu den sechs möglichen Antreibern gestellt werden.

Diese Fragen – sowie weitere Fragen zur Auffindung des jeweiligen Antreibers eines Menschen – haben wir Ihnen bereits im ersten Kapitel vorgestellt. Sie sind für das Profiling[3] so wichtig, dass wir sie hier nochmals aufführen:

- „Ich sehe, Ihnen ist das Wohl anderer Menschen sehr wichtig?“ Das ist ein Hinweis darauf, dass die Person vom sozialen Antreiber motiviert wird.
- „Ihre Kleidung wirkt sehr geschmackvoll aufeinander abgestimmt. Spielen schöne Dinge in Ihrem Leben eine große Rolle?“ (Hinweis auf ästhetisches Motiv)
- „Sie verfügen über eine gute Bildung, wie ich Ihrem Lebenslauf entnehmen kann ... Wie wichtig ist es Ihnen, gut informiert zu sein?“ (Hinweis auf theoretisches Motiv)
- „Es scheint, als ob Sie viel Wert auf Ihre Einzigartigkeit und Individualität legen. Wie wichtig ist es Ihnen, sich von anderen Menschen abzuheben?“ (Hinweis auf individualistischen Antreiber)
- „Sie wirken sehr traditionsbewusst. Wie wichtig ist es Ihnen, Traditionen zu wahren?“ (Hinweis auf traditionellen Antreiber)
- „Eine gute finanzielle Basis ist heutzutage mit Sicherheit von hoher Bedeutung. Wie wichtig ist Ihnen Ihr finanzielles Wohlergehen?“ (Hinweis auf ökonomisches Motiv)

Ihr Ziel sollte sein, möglichst drei Antreiber zu bestimmen, also sozusagen die Top 3 der Antreiber der Person, mit der Sie zu tun haben.

Mithilfe der Ergebnisse können Sie den Versuch starten, die Person entsprechend ihrer Persönlichkeitsstruktur (rot, gelb, grün, blau) und ihrer dominanten Antreiber zu einer entsprechenden Handlung zu motivieren. Und das auch, weil Sie aufgrund der

Kenntnis der Verhaltensweisen des Gegenübers punktgenau auf ihn eingehen und sich auf seine Wellenlänge einschwingen können:

- Ist der Gesprächspartner zum Beispiel sozial motiviert, können Sie ein soziales Ziel in Aussicht stellen, etwa dass der Gesprächspartner mit einer Handlung anderen Menschen hilft.
- Ist die Person eher ökonomisch motiviert, können Sie einen finanziellen Mehrwert (materiellen Wert) in Aussicht stellen.

Hinzu kommt: Weil Sie zugleich sich selbst kennen und wissen, zu welchem Persönlichkeitstyp Sie gehören, ist es Ihnen möglich, die Wirkungen Ihrer Handlungen und Äußerungen auf den Gesprächspartner einzuschätzen. Das schafft Vertrauen und ist die zentrale Voraussetzung für den Aufbau einer vertrauensvollen und vertraulichen Beziehung.

STOPP!

Schauen Sie sich bitte zunächst einmal Abbildung 8 an:

Die Profiling-Machine von Oliver Vogelhuber

Abbildung 8: Trainingstool – Vogelhubers Profiling-Machine

Quelle: ***www.vogelhuber.de/profiling3***

Das Bild soll Ihnen einen Eindruck von „Vogelhubers Profiling-Machine" vermitteln. Mit dem Trainingstool können Sie nach der Lektüre dieses Buches und im Seminar üben, andere Menschen besser einzuschätzen.

Indem Sie den Spin-Button drücken, erscheinen fünf Symbole, wobei

- die zwei linken Symbole mithilfe der Farben Rot, Gelb, Grün und Blau die vier INSIGHTS MDI®-Persönlichkeitstypen repräsentieren und
- die drei rechten Symbole die für eine Person entscheidenden Motivatoren zeigen (also von den sechs Antreibern die drei wichtigsten).

Dabei gilt:

- Das **Buch** steht für den theoretischen Antreiber,
- die **Geldmünzen** symbolisieren das ökonomische Motiv,
- die **Blume** steht für den ästhetischen Antreiber,
- der **Rollstuhl** für das soziale Motiv,
- die **Krone** für den individualistischen Antreiber und
- der **Trachtenhut** für das traditionelle Motiv.

Nachdem Sie also den Spin-Button gedrückt haben, erscheinen fünf Symbole – zum Beispiel:

Abbildung 9: Vogelhubers Profiling-Machine im Praxiseinsatz

Die Abbildung zeigt, dass Ihr Gesprächspartner

- die blauen und die roten Persönlichkeitsanteile überwiegen und
- seine drei dominanten Antreiber das ökonomische (Geldmünzen), das traditionelle (Trachtenhut) und das ästhetische Motiv (Blume) sind.

Die Anwendung der Profiling-Machine erfolgt im Rollenspiel, an dem zwei Personen teilnehmen:

- Die eine Person stellt einen Verkäufer/Chef/Recruiter dar, die andere Person einen Kunden/Mitarbeiter/Bewerber.
- Der Kunde/Mitarbeiter/Bewerber betätigt den Spin-Button und erhält über die fünf Symbole eine konkrete Aussage zu seiner Persönlichkeitsstruktur.
- Jetzt versucht der Verkäufer/Chef/Recruiter durch kluge Fragetechnik und genaues Zuhören herauszufinden, wie der Kunde/Mitarbeiter/Bewerber, kurz: wie der andere tickt.

In unserem Beispiel geht es also darum, dass der Verkäufer/Chef/Recruiter herausfindet, dass es sich bei dem Kunden/Mitarbeiter/Bewerber um einen rot-blauen Typen mit den dominanten Antreibern ästhetisches, ökonomisches und traditionelles Motiv handelt.

Probieren Sie „Vogelhubers Profiling-Machine“ einfach einmal aus. Gehen Sie dazu auf **www.vogelhuber.de.**

Im Shop finden Sie eine individualisierbare HTML-Version und direkt unter **www.vogelhuber.de/profiling3** ist ein YouTube-Video verlinkt, das Ihnen "Vogelhubers Profiling-Machine" in Aktion zeigt.

"Vogelhubers Profiling-Machine" ist außerdem für Sie im App Store und auf Google Play zum Download erhältlich.

Ohne Fragetechnik und aktives Zuhören geht gar nichts

Die Vorstellung von „Vogelhubers Profiling-Machine“ hat in aller Deutlichkeit gezeigt, wie wichtig es ist, dass Sie genaue Fragen stellen, gut zuhören und Ihre Wahrnehmung schärfen, wenn Sie der Persönlichkeitsstruktur und den Antreibern Ihres Gesprächspartners auf die Spur kommen wollen. Die folgenden Tipps sollen Sie dabei unterstützen.

Schärfen Sie Ihre Wahrnehmung

Üben Sie bei jeder Gelegenheit, genau zu beobachten und die Verhaltensweisen von Menschen im Detail wahrzunehmen und zu interpretieren. Wenn Sie demnächst wieder einmal Gespräche mit Kollegen, Mitarbeitern oder Freunden führen, sollten Sie auf die folgenden Aspekte achten: Wie geht der andere auf Sie zu? Wie begrüßt er Sie? Wie gibt er Ihnen die Hand? Sucht er den Blickkontakt, wie oft schaut er Ihnen in die Augen? Was lässt sich über seine Körperhaltung und Körperspannung sagen? Ist er angespannt oder locker, drückt die Körperhaltung Selbstbewusstsein oder Unsicherheit aus? Wechselt seine Körperhaltung mit dem Gesprächsthema? Spricht er eher lebhaft oder monoton?

Die Beschreibung der vier Grundtypen und der acht Haupttypen in diesem vierten Kapitel haben Ihnen bestimmt genügend Hinweise gegeben, worauf Sie in Ihren Gesprächen in Zukunft achten sollten, um Ihre Wahrnehmung immer mehr zu schulen. Wir raten Ihnen, dabei insbesondere diese Aspekte zu berücksichtigen (siehe Scheelen 2018, S.18):

- „Körperhaltung und Körperbewegungen
- Mimik (Gesichtsausdruck)
- Gestik
- Tonfall
- Dauer der Äußerungen
- Struktur und Konzept der Rede
- Wortwahl, typische Sätze
- Blickkontakt mit Ihnen
- Umgang mit anderen
- Einrichtungsgegenstände in seinem Zimmer/Büro
- Kleidung
- Pünktlichkeit
- Ordnung
- persönliche Gegenstände im Zimmer/Büro, z. B. Fotos
- Hobbys“

Hören Sie genau, aktiv und mitfühlend zu

Eigentlich wissen wir alle, dass wir dem Gesprächspartner aufmerksam zuhören sollten, insbesondere im Kundengespräch. Aber auch im Mitarbeitergespräch und im Einstellungsgespräch ist die Zuhörkompetenz von großer Bedeutung. Die Realität sieht allerdings oft anders aus: Der Kunde zum Beispiel wird mit einem enormen Detailwissen beeindruckt, in der Hoffnung, dass er ein Produkt oder eine Dienstleistung kauft. Achten Sie einmal darauf: Wie hoch ist Ihr Redeanteil? Passiert es zuweilen, dass Sie den Kunden mit Produktinformationen „erschlagen“?

Darum: Ob als Verkäufer, Führungskraft oder Recruiter: Analysieren Sie Ihr Zuhörverhalten:

- Lassen Sie den Gesprächspartner immer ausreden? Oder fallen Sie ihm ins Wort?
- Stellen Sie Fragen – oder kommunizieren Sie vor allem in Aussageform?
- Wie verhält sich Ihr Redeanteil zu dem des Gesprächspartners?
- Wie reagieren Sie auf die Fragen Ihres Gesprächspartners?
- Gelingt es Ihnen, im Gespräch auch einmal einfach zu schweigen und „ganz Ohr zu sein“?

Diskutieren Sie Ihr Zuhörverhalten mit Ihren Kollegen oder Ihrer Führungskraft. Oder auch mit Ihren Freunden. Wenn Sie feststellen, dass Sie über eine unzureichende Zuhörkompetenz verfügen, sollten Sie Ihr Zuhör-Know-how erweitern.

Zuhören befriedigt Bedürfnis nach Anerkennung

Vielleicht deckt sich Ihre Erfahrung mit dieser Beobachtung: Trifft ein Kunde auf einen zuhörenden Verkäufer, fasst er schneller Vertrauen, weil er merkt, dass sich hier jemand ernsthaft auf ihn einlässt. Anscheinend geschieht dies in der Kommunikation nicht allzu häufig: Lehrer beklagen, wie gering die Zuhörkompetenz der jungen Menschen ausgebildet sei. Die für ein aufnehmendes und verstehendes, mithin aktives Zuhören so elementar wichtige Aufmerksamkeitsspanne bricht bei den Schülern bereits nach kurzer Zeit zusammen.

Woran liegt es, dass der Kunde einem zuhörenden Verkäufer eher vertraut? Die Macht des Zuhörens gründet sich auf einem psychologischen Aspekt: Der stille Lauscher befriedigt ein menschliches Grundbedürfnis, nämlich das nach Anerkennung. Der Gesprächspartner spürt und merkt, dass Sie sich als guter

Zuhörer verstehend auf seine Vorstellungswelt einlassen wollen und können, um seine Erwartungen und Wünsche festzustellen. Er fühlt sich ernst genommen, wertgeschätzt und anerkannt.

Es gibt mehrere Dimensionen des Zuhörens: Zunächst einmal geht es darum, den Gesprächspartner ausreden zu lassen. Dem Zuhören folgt die Wiedergabe des Gehörten in eigenen Worten. So lassen sich kommunikative Missverständnisse frühzeitig ausschließen. In der Champions League des Zuhörens spielen Sie, wenn Sie in der Lage sind, auf das einzugehen, was Ihr Gesprächspartner zwischen den Zeilen und mit seiner Körpersprache zum Ausdruck bringt. Sie können die non-verbalen Signale des Gesprächspartners interpretieren und Rückschlüsse aus seiner Gestik und Mimik ziehen. Ein Beispiel: Ein Verkäufer mit gut ausgebildeter Zuhörkompetenz erkennt an der Körpersprache und der Tonalität, ob der Kunde unter Druck steht und nervös ist. Er weiß: „Hier muss ich nachfragen und einen Dialog in Gang setzen, um Entscheidendes zu erfahren."

Im schlimmsten Fall ist das Nicht-zuhören-Können eine Folge der Einstellung zum Gesprächspartner, der nicht wertgeschätzt wird. Das berühmt-berüchtigte Aneinandervorbeireden droht, wenn Sie nicht bedenken, dass Sie den Erwartungen des Gesprächspartners nur auf die Spur kommen, wenn Sie sich im Gespräch zurücknehmen und ihm intensiv zuhören.

Zuhören und Fragen ermöglichen Dialog

Wer selbst redet, erfährt jedoch nicht viel vom anderen. Wer hingegen Fragen stellt, erhält wissenswerte und nützliche Informationen vom und über den Gesprächspartner. Mit anderen Worten: Ein klares Gesprächskonzept, in dem die Fragen so aufgebaut sind, dass sich mit ihnen das Gespräch steuern lässt, erhöht zum einen den Redeanteil des Gesprächspartners. Zum anderen erfahren Sie im konstruktiven Dialog Wissenswertes über dessen Antreiber. Insbesondere durch offene Fragen, auf die der Gesprächspartner nicht einsilbig antworten kann, sondern die ihn zum Reden animieren, erhalten Sie neue Informationen zu seinen Motiven. Welche Fragearten sind in unserem Zusammenhang von besonderer Bedeutung?

- Die geschlossene Frage beginnt mit einem Verb und gestattet lediglich eine kurze Antwort wie „Ja“ oder „Nein“ – mit ihr können Sie das Gespräch in ein bestimmte Richtung lenken.
- Geschlossene Fragen sind Faktenfragen, offene Fragen hingegen Meinungsfragen. Denn zumeist ergeben sich aus den Antworten auf offene Fragen Rückschlüsse auf die Ansichten, Einstellungen und Motive des Gesprächspartners. Offene Fragen beginnen meistens mit einem Fragewort (etwa „Wer“, „Was“, „Wie“, „Warum“, „Wo“, „Wann“), sie treiben das Gespräch aktiv voran. Sinnvoll ist es, die offene Frage mit einem Nützlichkeitsaspekt zu kombinieren, etwa: „Was halten Sie von der zu erwartenden Umlaufrendite?“ oder „Wie denken Sie über die Kostenersparnis?“
- Eine Variante der offenen Frage ist die Bewertungsfrage, bei der Sie den Gesprächspartner bitten, eine detaillierte Einschätzung abzugeben: „Wie schätzen Sie den Nutzen von ... für sich ein?“
- Die Als-ob-Frage soll das Gespräch entwickeln, indem eine fiktive Situation als Option vorgestellt wird: „Nehmen Sie einmal an, Sie würden sich dafür ... entscheiden. Welchen Nutzen erhoffen Sie sich?“

- Die Informationsfrage hilft, konkretere Informationen zum Thema einzuholen und den oder die Antreiber des Gesprächspartners immer mehr einzukreisen.
- Die Bestätigungsfrage dient der Absicherung einer Antwort: „Habe ich Sie richtig verstanden, dass es für Sie besonders wichtig ist ...?“
- In eine ähnliche Richtung weist die Präzisierungsfrage: „Sie sagten eben ... – was genau ist dabei für Sie wichtig?“
- Eine Zuspitzung der Informationsfrage ist die Alternativfrage, die so formuliert ist, dass der Gesprächspartner seine Antwort aus den vorgegebenen Alternativen auswählen kann: „Bevorzugen Sie Variante A oder eher Variante B?“ Sie können die Alternativfrage zum Gesprächsabschluss einsetzen, wenn es darum geht, das Gespräch zusammenzufassen und eine Entscheidung zu fällen: Führen Sie dazu die verschiedenen Optionen auf und bitten Sie den Gesprächspartner um seine Meinung.

Einige Fragearten sollten Sie eher vermeiden: Die rhetorische Scheinfrage streift den Bereich der Manipulation, wenn der Fragesteller sie einsetzt, um den eigenen Äußerungen den Anschein der Objektivität zu verleihen. Die Gegenfrage dient zum einen der Konkretisierung des Sachverhalts, wird aber oft als unfair empfunden, denn der andere weicht einer Antwort aus, um den Gesprächspartner zu verunsichern. Noch mehr verärgern Sie den Gesprächspartner, wenn Sie eine unterschwellige Frage stellen, mit der Sie auf etwas anderes hinauswollen, als die Frage an sich vermuten lässt. Übrigens:

Jede Frageform führt sich selbst ad absurdum, wenn Sie nicht in der Lage sind, den Gesprächspartner in Ruhe antworten und ausreden zu lassen. Fragekompetenz und Zuhörkompetenz gehören zusammen.

Körpersprache beachten

Bekanntlich wirken wir zu nur 7 Prozent über den Inhalt des gesprochenen Wortes, die Stimme macht immerhin 38 Prozent aus. Zu 55 Prozent jedoch entscheidet die Körpersprache über unsere Wirkung auf andere Menschen. Die Zahlen gehen auf Untersuchungen des Psychologen Albert Mehrabian zurück und zeigen, wie wichtig Gestik, Mimik, Ton, Physiologie und Körperausdruck in der Kommunikation sind.

Wenn Sie im Gespräch Vertrauen aufbauen, die Persönlichkeitsstruktur des Gesprächspartners erkennen und seine Antreiber identifizieren wollen, spielt die Körpersprache in zweierlei Hinsicht eine Rolle. Zum einen gilt:

Ihr Körper spricht!

Wenn Sie den Gesprächspartner loben, kritisieren oder motivieren, ist Ihre Körpersprache genauso wichtig wie der Inhalt Ihrer Formulierungen. Im besten Fall stimmen laut- und körpersprachliche Signale überein. Denn dann wirken Sie authentisch und glaubwürdig.

Je harmonischer Botschaft und körpersprachlicher Ausdruck zusammenpassen, desto eher werden Sie den Ge-

sprächspartner überzeugen, sein Vertrauen gewinnen oder Ihre Ziele erreichen.

Dabei ist Ihre Einstellung entscheidend: Wer – zum Beispiel – mitarbeiter- und lösungsorientiert kritisieren will, wird dies auch durch seine Körpersprache kommunizieren. Wer allerdings verbal mitteilt, er wolle mit dem Mitarbeiter gemeinsam eine Lösung finden, ihn in Wirklichkeit jedoch am liebsten niederbrüllen würde, weil er sich über ihn ärgert, den wird seine Körpersprache gnadenlos verraten.

Durch die äußere Erscheinung, durch Körperhaltung, Gestik, Gesichtsausdruck, Sprechtempo und -modulation senden Sie zumeist unbewusst nonverbale Signale aus – Sie können sie aber auch ganz bewusst einsetzen, um den Gesprächsverlauf zu steuern: Durch eine offensiv eingesetzte Körpersprache geben Sie zu verstehen, dass Sie offen sind für das Gespräch, sich auf den Gesprächspartner einlassen und ihm mit Sympathie begegnen möchten. Mit Signalen wie Kopfnicken können Sie Ihre verbalen Äußerungen bekräftigen und dem Gesprächspartner zeigen, was Sie von seinen Worten halten (Ablehnung, Skepsis, Zustimmung, Begeisterung). Kopfnicken oder Kopfschütteln etwa drücken Zustimmung oder Ablehnung aus. Schließlich der Blickkontakt: Mit ihm stellen Sie intensiven Kontakt her – das ist vor allem in problematischen Gesprächssituationen von Bedeutung.

Je besser Sie sich sprachlich und körpersprachlich auf Ihren Gesprächspartner einlassen, desto größer ist die Chance, dass ein Vertrauensverhältnis entsteht und Sie seine Antreiber erkennen und einordnen können.

Kommen wir zum zweiten Aspekt, bei dem die Körpersprache von Bedeutung ist:

Der Körper des Gesprächspartners spricht!

Die nonverbalen Signale des Gesprächspartners geben Ihnen Aufschlüsse gleich in mehrerer Hinsicht:

- Wenn das verbale Verhalten mit dem nonverbalen übereinstimmt, können Sie davon ausgehen, dass der Gesprächspartner denkt, was er sagt.
- Bei Abweichungen kann in der Regel das nonverbale Verhalten als aussagekräftiger bewertet werden.
- An dem nonverbalen Verhalten erkennen Sie, in welcher Stimmung sich der Gesprächspartner befindet und welche Einstellung er Ihnen gegenüber hat.

Allerdings: Die Auslegung eines körpersprachlichen Signals ist abhängig vom Kontext; zudem darf nicht ein einzelnes Signal allein zur Interpretation der Verfassung des Gesprächspartners herangezogen werden. Es muss vielmehr stets im Zusammenhang mit dem gesprochenen Wort und weiteren nonverbalen Äußerungen gesehen werden.

Wer die Körpersprache des Gesprächspartners angemessen „entschlüsseln“ möchte, sollte wissen:

- Eine aufrechte Kopfhaltung spiegelt eine selbstbewusste Haltung wider.
- Der leicht schräg gehaltene Kopf signalisiert Aufmerksamkeit.
- Oft gilt: Je freundlicher der Gesichtsausdruck, desto größer der Sympathiefaktor.
- Klare und deutliche Gesten bedeuten Offenheit – man hat nichts zu verbergen.
- Verschränkte Arme hingegen weisen auf Unsicherheit hin.

- Eine gerade und ruhige Körperhaltung drückt Standfestigkeit aus.
- Wangenreiben, Kinnstreicheln, Mundverdecken und andere Gesichtsberührungen weisen auf eine Spannung hin. Im schlimmsten Fall versucht der Gesprächspartner gerade einen Täuschungsversuch.

Vorsicht ist geboten, wenn sich körpersprachliche Signale widersprechen, etwa der freundliche Gesichtsausruck und die unruhigen, aneinander gepressten Beine, die einladende Handbewegung und das gestellt wirkende „Portrait-Lächeln“ – die Freundlichkeit kann vorgetäuscht sein.

Nutzen Sie unsere Tipps zur Sprache und Körpersprache sowie zu den Frage- und Zuhörtechniken, um die Persönlichkeit Ihrer Gesprächspartner immer besser einschätzen zu können. Denn dann können Sie in Ihren Gesprächen mit Bewerbern, Kunden und Mitarbeitern glänzen.

Kapitelfazit

- Mit dem INSIGHTS Management Development Instrument (MDI)® liegt ein Tool vor, mit dem es gelingt, die Persönlichkeit von Menschen sehr gut einzuschätzen.
- Das Wissen zu Profiling[3], den sechs Motivatoren und INSIGHTS MDI® kann zu einem Menschenkenntnis-Tool kombiniert werden, mit dem sich die Persönlichkeit von Menschen vor allem mithilfe der Wahrnehmung, der Selbstkenntnis und der Menschenkenntnis erkennen lässt.
- Wichtig dafür sind insbesondere die Zuhörkompetenz und die Fragekompetenz.

KAPITEL 5

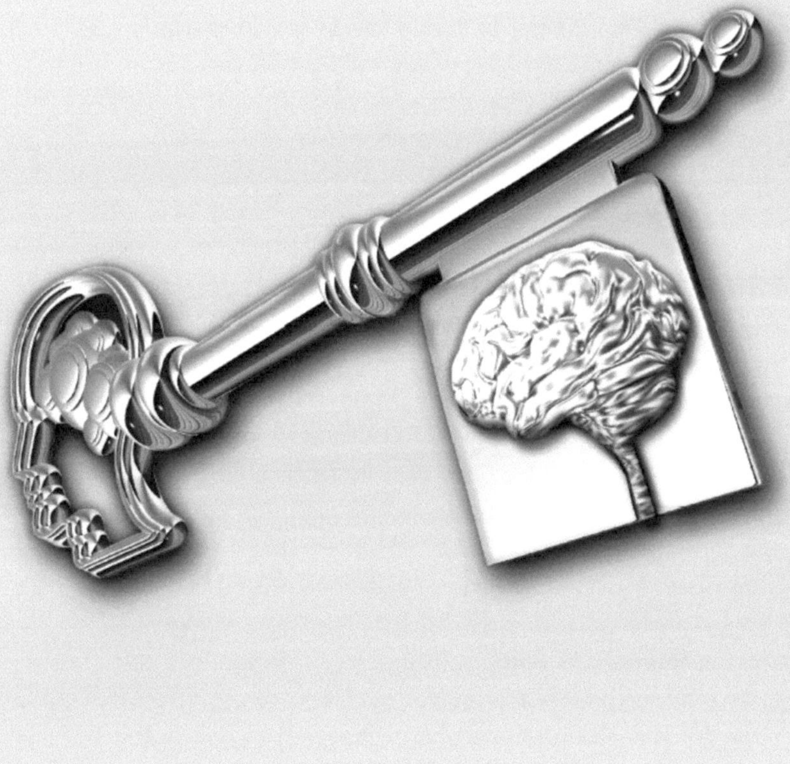

Profiling[3] im Recruiting: Die richtigen Mitarbeiter finden

Wie tickt dieses Kapitel?

- Wir starten mit dem ersten Profiling³-Praxiseinsatz und zeigen Ihnen, wie Ihre Menschenkenntnis Ihnen dabei hilft, vakante Positionen mit dem richtigen Mitarbeiter zu besetzen.
- Sie erfahren, wie Sie im Einstellungsgespräch Bewerber typgerecht ansprechen und ihre Eignung für eine vakante Position feststellen.

Begeisterte und kreative Mitarbeiter gewinnen und binden

Wovon hängt der Erfolg Ihres Unternehmens in Zukunft ab? Von Ihren Produkten, Ihren Dienstleistungen, den Innovationen? Ja, das auch. Ganz sicher aber geht es nicht ohne motivierte Menschen, ohne loyale Mitarbeiter, die sich voll und ganz und aus innerer Überzeugung dafür einsetzen, Ihre Unternehmensziele und ihre eigenen Ziele zu verwirklichen. Wenn es Ihnen gelingt, begeisterte und kreative Mitarbeiter zu gewinnen und an Ihr Unternehmen zu binden, besitzen Sie gegenüber der Konkurrenz einen unschätzbaren Vorteil. Denn engagierte Menschen, die für das Unternehmen nicht nur wegen des guten Gehalts arbeiten, sondern auch wegen der Werte, die es repräsentiert, sind ein großer Erfolgsfaktor. Wer Mitarbeiter für sich begeistern kann, die zum Unternehmen passen, hat gute Chancen, bestehende Marktanteile zu verteidigen und neue aufzubauen.

Wenn Sie Menschen suchen, deren Qualifikationen und Kompetenzen punktgenau auf die Erreichung Ihrer Unternehmensziele ausgerichtet sind, wird Mitarbeiterentwicklung zur strategischen

Aufgabe der Unternehmensführung. Dabei gilt: Es geht weniger um Mit-Arbeiter, sondern um Menschen, die gemeinsam mit Ihnen am Unternehmenserfolg arbeiten und Zukunft aktiv gestalten wollen. Die Herausforderungen der Zukunft erfordern Veränderungsprozesse, die Sie mit Menschen bewältigen können, die Lust auf Veränderung haben.

Ganzheitlichen Ansatz verfolgen

In vielen Unternehmen setzt die Mitarbeiterentwicklung zu weit unten an. Das Topmanagement verlässt sich darauf, dass etwa ein Abteilungsleiter schon wissen wird, welche Mitarbeiter seine Abteilung braucht. Es bleibt dann ihm überlassen, ein Stellenprofil zu entwerfen und auf Bewerbersuche zu gehen. Produktiver ist es, die Frage zu stellen, was der neue Mitarbeiter können muss, um optimal zur Erreichung der Unternehmensziele beizutragen – nicht nur der Abteilungsziele. Notwendig ist ein ganzheitlicher Ansatz, der die Entwicklung des gesamten Unternehmens ins Blickfeld rückt. „Ganzheitlich“ heißt in diesem Zusammenhang:

- Alle Beteiligte ziehen an einem Strang und streben die Anbindung der Mitarbeiterentwicklung an die langfristige Strategie und die Zielsetzung des Unternehmens an.
- Die Einstellung neuer Mitarbeiter, aber auch deren Aus- und Weiterbildung, werden in einen Zusammenhang mit der Vision des Unternehmens, mit seinen Werten, unternehmerischen Grundsätzen, Strategien und Zielen gestellt.
- Es geht um „den Menschen im Mitarbeiter“. Es genügt nicht, den besten Mitarbeiter für die vakante Stelle zu finden. Mensch und Stelle müssen punktgenau zusammenpassen – der Mitarbeiter sollte die neue Position definieren

können; als Möglichkeit, nicht nur seine Fachkompetenzen optimal einzusetzen, sondern zudem seine sozialen und emotionalen Fertigkeiten. Der ganze Mensch mit all seinen Verhaltensweisen und Persönlichkeitsmerkmalen ist gefragt.

Bewerber typgerecht ansprechen

Die entscheidende Frage lautet dabei: Welche Kompetenzen brauchen Ihre Mitarbeiter, damit sie Sie bei der Erreichung der Unternehmensziele unterstützen können? Wer eine vakante Stelle mit einem neuen Mitarbeiter besetzen möchte, muss wissen, wie das Soll-Profil (Job Benchmark) der Position ausschaut. Dieses Anforderungsprofil kann dann abgeglichen werden mit dem Ist-Profil, dem Qualifikationsprofil des Menschen, der sich bei Ihnen bewirbt.

Wenn Sie für Ihr Unternehmen und die vakante Position den besten Mitarbeiter finden wollen, muss sichergestellt sein, dass er Ihre Vision mitträgt und sich mit ihr identifizieren kann. Was nutzt Ihnen der kompetenteste Verkaufsleiter, der Ihre Vision, sich zum umsatzstarken Unternehmen zu entwickeln, das zugleich sozial-karikative Ziele verfolgt, nicht mittragen will, weil er sich mit letzterem Ziel nicht identifiziert, weil er ganz andere Antreiber und Motivatoren hat? Oder der nicht bereit ist, die Abschlussorientierung in den Kundengesprächen voranzutreiben, weil er dies als „Drückermethoden“ ablehnt?

Darum: Betrachten Sie die Entwicklung Ihrer Jobprofile stets auch unter strategischen Gesichtspunkten. Zu empfehlen ist die Top-down-Methode – sie basiert darauf, dass sich die Vision, die Mission und die klar definierten Werte an der Spitze des Unternehmens auf die Leitlinien und Strategien sowie die Ziele und Projekte auswirken und auf Seiten der Mitarbeiter dementsprechende Kompetenzen und Verhaltensweisen ausgeprägt sein sollten. Zudem gilt:

Profiling^3 mit seiner Kombination der sechs Motivatoren und INSIGHTS MDI® hilft Ihnen, das Soll-Profil einer vakanten Stelle zielgenauer zu fassen, indem Sie zum Beispiel in der Stellenanzeige auf den Persönlichkeitstyp und die entscheidenden Motivatoren eingehen. Sie können Bewerber typgerecht ansprechen.

Ein einfaches Beispiel: Wenn Sie einen Verkäufer mit hohem rot-gelben Anteil und starkem ökonomischen Antrieb suchen, ist es sinnvoll, das Stelleninserat entsprechend zu gestalten – auch, um nicht die Aufmerksamkeit des sachlich-blauen Typus zu erregen. Erfahrungsgemäß wird eine verkaufsstarke Persönlichkeit mit hoher Erfolgs- und Zielorientierung und hoher kommunikativer Kompetenz sowie eigenverantwortlicher Arbeitsweise, mithin ein klassischer rot-gelber Verkäufer, durch folgende Aussagen im Stelleninserat positiv angesprochen:

- „Zur Sicherung unserer hervorragenden Marktstellung suchen wir gewinnende, kunden- und erfolgsorientierte Persönlichkeiten für den Außendienst."
- „Wo immer auf der Welt gebaut wird – wir sind als Marktführer schon da!"
- „Über unser globales Vertriebsnetz begeistern wir in über ... Ländern Kunden durch punktgenaue Problemlösungen."
- „Diese Anforderungen erfüllen Sie: ... Verkaufsstarke Persönlichkeit. Überdurchschnittliche Erfolgs- und Zielorientierung. Hohe Kommunikationskompetenz. Eigenverantwortliche Arbeitsweise ..."

- „Wir bieten Ihnen: ... Bringen auch Sie sich in einem Team von Vertrauen und Respekt ein."

Vom Sinn und Unsinn der Künstlichen Intelligenz bei der Personalsuche

Leider gibt es die Tendenz, sich im Recruitingprozess immer weniger auf die persönliche Einschätzung zu verlassen. Unternehmen setzen bei der Personalsuche immer öfter „KI" ein, also Künstliche Intelligenz. Bei der Software „Precire" zum Beispiel telefoniert ein Bewerber beim Erstkontakt mit einer Maschine, einem Computer, einer künstlichen Intelligenz. Nach einer Sprachanalyse, einer Audioanalyse und mithilfe statistischer Einschätzungen trifft die Software Aussagen über die Persönlichkeit, die Belastbarkeit und die Berufseignung eines Bewerbers. Persönlichkeitsanalyse durch eine Maschine – das ist zumindest gewöhnungsbedürftig. Die Maschine schätzt ein, wie dieser Mensch tickt, um welchen Menschentyp es sich handelt. Dabei ist es der Maschine gleichgültig, was der Bewerber sagt – entscheidend sind vielmehr ihr Wortschatz und die Wortwahl, der Satzbau, die Lautstärke, die Stimmlage und die Sprechgeschwindigkeit.

Wir wollen an dieser Stelle nicht darüber urteilen, ob der Einsatz solch einer Software nicht auch sinnvoll sein kann. Uwe Kanning allerdings rät ab. In dem Artikel „Plaudernd zum Job" von Martin U. Müller heißt es (Müller 2019, S. 66): „Uwe Kanning ist Professor für Wirtschaftspsychologie an der Hochschule Osnabrück. Seit Jahren beschäftigt er sich mit fragwürdigen Methoden in der Personalarbeit, etwa der Grafologie oder der Schädeldeutung. Kanning hält Sprachanalysesoftware wie Precire in der Personalauswahl für Humbug. ‚Es gibt keine Argumente, das einzusetzen, außer die Verführung der Technik und um modern erscheinen zu wollen', sagt er. Das System sei ‚ein Marketing- und Mediengag'."

Wir sind der Meinung, dass es beim Mitarbeiterrecruiting von zentraler Bedeutung ist, den einzelnen Menschen in seiner individuellen Persönlichkeit abzuholen und zu prüfen, ob seine Motivatoren, seine Antreiber und seine Persönlichkeit zum Unternehmen, zur Aufgabe, zum beruflichen Umfeld und auch zu den neuen Kollegen und Führungskräften passen.

Anforderungsprofil von mehreren Personen erstellen lassen

Wir empfehlen, eine detaillierte Arbeitsstellenanalyse und ein konkretes Anforderungsprofil zu erstellen: Dazu füllen mehrere Personen, die die vakante Position gut kennen (Führungskraft, Mitarbeiter, Kollegen, Personaler etc.), zum Beispiel einen Analysefragebogen aus. So entsteht ein umfassendes Bild, welche Tätigkeiten die zu besetzende Stelle umfassen und über welche Qualitäten der oder die Stelleninhaber in spe verfügen sollten. Dabei spielen Faktoren wie Motivationsstruktur, Zielorientierung, Kommunikationsfertigkeiten, Kreativität, Durchsetzungsfähigkeit, Zuverlässigkeit, Entscheidungsstärke und Vertrauenswürdigkeit eine Rolle. Übrigens, an dieser Stelle können Sie unsere gebündelten Kompetenzen nutzen: Frank M. Scheelen hat Hunderte von Sollprofilen für Unternehmen entwickelt, Oliver Vogelhuber hat diese in die Praxis umgesetzt.

Die Erfahrung zeigt, dass der Chef ein anderes Bild von der Stelle hat als der direkte Kollege. Das bedeutet: Je mehr

Personen in die Arbeitsstellenanalyse und die Erstellung des Anforderungsprofils integriert sind, desto aussagekräftiger und objektiver das Bild der Arbeitsstelle.

Im Einstellungsgespräch die Persönlichkeit des Bewerbers immer besser kennenlernen

Lassen Sie uns nun konkret werden: Nehmen wir an, es geht um die Besetzung einer vakanten Stelle im Versicherungsbereich. Gesucht wird ein rot-gelber Verkäufer, der stark ist in den Bereichen:

- Kundenservice, Belastbarkeit, exzellente Selbstführung, hohe Zielorientierung, ausgeprägte interpersonelle Kommunikation, Bereitschaft zur Übernahme hoher persönlicher Verantwortlichkeit und genaues Zuhören.

Des Weiteren sollen bei dem Verkäufer der ökonomische, der individualistische und der theoretische Antreiber hoch ausgeprägt sein. Dies ist bei dieser Art der vakanten Position nicht anders zu erwarten.

Sie haben mehrere Bewerber in die engere Auswahl genommen und zum Bewerbungs- oder Einstellungsgespräch eingeladen. Natürlich haben bereits die Bewerbungsunterlagen Hinweise darauf gegeben, dass die Bewerber den genannten Kriterien entsprechen, nun kommt es auf die Detailanalyse an. Im Gespräch wollen Sie als Profiling[3]-geschulter Recruiter überprüfen, wie die einzelnen Bewerber ticken und ob sie zu der vakanten Stelle passen. In den Kapiteln 1 und 4 haben Sie bereits Fragen kennengelernt, wie Sie herausfinden, zu welchen Grundtypen ein Mensch gehört und welche Antreiber für ihn von Bedeutung sind. Ihre Herausforderung besteht darin, das Profiling³-Wissen auf die konkrete Situation und den konkreten Bewerber zu beziehen.

Mit Profiling³ den Motivatoren auf die Spur kommen

Die Einordnung der fachlichen Kenntnisse und Fähigkeiten fällt Ihnen wahrscheinlich leicht. Denn darüber geben bereits die schriftlichen Unterlagen des Bewerbers und seine Informationen zu Ausbildung, Weiterbildungen und zu den bisherigen beruflichen Stationen Auskunft. Auch die obligatorischen Fragen zu den Rahmenbedingungen des Arbeitsverhältnisses liegen auf der Hand, etwa: „Wann können Sie bei uns anfangen?"

Entscheidend ist: Wie ist es um die Persönlichkeit des Bewerbers bestellt? Wie sieht es mit seiner sozialen Kompetenz aus, wie mit seiner methodischen Kompetenz, wie mit seiner Kompetenz, mit anderen Menschen konstruktiv im Team zusammenzuarbeiten? Das sind wohl die eigentlich wichtigen Fragen. Und darum kommt an dieser Stelle die Kombination von Profiling, Motivatorenanalyse und INSIGHTS MDI® zum Einsatz. Sie sitzen also nun einem Bewerber gegenüber: In einer ersten Einschätzung geht es darum, den Persönlichkeitstypus und die dominanten Antreiber zu erkennen. Wer weiß, wofür ein Bewerber brennt und was ihn wahrhaft antreibt, kann sehr gut beurteilen, ob Mensch und Position zusammenpassen. Die Einstellungen, Normen, Emotionen und vor allem Werte, die einem Bewerber wichtig sind, müssen kompatibel mit der vakanten Stelle sein – sonst passiert das, was Frank nun erzählt.

Ohne Profiling[3] keine Neueinstellungen

Ich bin davon überzeugt, dass der folgende Merksatz stimmt: „Hiring for Skills, firing for Attitude". In Deutschland sind wir immer noch zu sehr darauf konzentriert, über die fachlichen Kompetenzen und die womöglich in anderen Jobs gesammelten Erfahrungen und Skills zu rekrutieren. Diesen Fehler haben wir selbst vor einigen Jahren gemacht, als es um eine Führungsposition bei uns im Unternehmen ging – wir haben zu stark auf die rein fachlichen Kompetenzen abgehoben.

Dabei ging es um eine Führungskraft, die jahrelang bei einem anderen Trainingsunternehmen angestellt war und daher das Business eigentlich gut kannte. Wir haben diese Führungskraft vor allem auf Vermittlung eines uns gut bekannten Münchener Headhunters eingestellt, mussten dann aber in der praktischen Zusammenarbeit rasch erkennen, dass ihre Werte nicht zu uns passten. Wir hatten zwar eine INSIGHTS MDI®-Analyse durchgeführt, haben die Ergebnisse dann aber zu wenig berücksichtigt, weil wir uns von den praktischen Erfahrungen dieser Führungskraft blenden ließen. Zudem fühlten wir uns gegenüber dem Headhunter verpflichtet und hatten uns innerlich schon darauf eingeschossen, diesen Bewerber unbedingt zu nehmen. Im Prinzip haben wir wider besseren Wissens gehandelt. Besser wäre es gewesen, wir hätten den Ergebnissen der Analyse vertraut! Im Ergebnis haben sich unsere Wege wieder getrennt, weil die Werte und das Verhalten dieser Führungskraft einfach nicht zu uns gepasst haben.

Zurück zu unserem Einstellungsgespräch. Aufgrund der Bewerbungsunterlagen und des ersten Eindrucks in der Kennenlernphase sind Sie ziemlich sicher, es mit einem rot-gelben Menschen zu tun haben. Das äußere Erscheinungsbild, die Körpersprache und der Small Talk bestätigen diese Einschätzung.

Um festzustellen, inwiefern die drei wichtigen Antreiber ausgeprägt sind, sollten Sie die folgenden Fragen stellen:

Zum ökonomischen Motivator

- „Wie wichtig ist es für Sie, viel Geld zu verdienen? Was ist für Sie ‚viel Geld'?"
- „Wo möchten Sie finanziell in den nächsten fünf Jahren stehen? Wo in den nächsten zehn Jahren? Weshalb?"
- „Welche Rolle spielt ein hohes Gehalt für Sie bei Ihrer Berufswahl oder bei der Entscheidung, einen Job zu behalten?"
- „Inwiefern streben Sie nach finanzieller Unabhängigkeit, auch bezüglich der Menschen, zu denen Sie eine enge Beziehung haben, etwa zur Familie?"

Zum individualistischen Antreiber

- „Welche Rolle spielt für Ihre Zufriedenheit im Job das Gefühl, eine Situation unter Kontrolle zu haben? Wie wichtig ist es für Sie, Ihr eigenes Schicksal in die Hand nehmen zu können?"
- „Wie wichtig ist Unabhängigkeit für Sie? Wie wichtig sind Macht und Einfluss? Wie zufrieden wären Sie mit einem Job, wenn keiner dieser Faktoren gegeben wäre?"
- „Wie gut können Sie mit Anweisungen anderer umgehen? In welchem Ausmaß können Sie diese akzeptieren?"
- „Wie gehen Sie vor, wenn Sie andere zum Handeln motivieren wollen? Bitte geben Sie ein konkretes Beispiel für eine Situation aus Ihrem Berufsleben, in der Sie in der Lage waren, eine Gruppe von Menschen zum Handeln zu motivieren, und schildern Sie bitte, wie Sie das getan haben."

Zum theoretischen Motivator

- „Was ist wichtiger für Sie: aktives Handeln oder Fachwissen?“
- „Würden Sie sich selbst als Experte in einem Bereich beschreiben? Welcher Bereich ist das? Wie sind Sie vorgegangen, um das entsprechende Wissen zu erlangen?“
- „Was bereitet Ihnen beim Lernen besonders Freude? Über welche Gebiete oder Themen lernen Sie etwas besonders gerne?“
- „Wie wohl fühlen Sie sich dabei, die notwendige Zeit, Energie und Anstrengung auf sich zu nehmen, um sich Wissen über ein Fach oder ein Thema anzueignen, über das Sie bisher sehr wenig gewusst haben? Und wie fühlen Sie sich dabei, wenn Sie sich wenig für das Fach oder Thema interessieren?“

Die richtigen Vertiefungsfragen stellen

Wir sind sicher, dass Ihr Training, auch mit „Vogelhubers Profiling-Machine“, Sie sehr gut darauf vorbereitet hat, im Einstellungsgespräch die richtigen Fragen zu stellen, um die Persönlichkeitsstruktur und die Antreiber eines Bewerbers immer mehr einzukreisen.

Jetzt sollten Sie noch tiefer bohren und mithilfe Ihrer Fragetechnik analysieren, ob der Bewerber stark ist in den Bereichen, die Ihnen laut Anforderungsprofil wichtig sind. Dabei helfen Ihnen die Vertiefungsfragen.

Vertiefungsfragen zum Kundenservice

- „Denken Sie an Ihre letzten Kundengespräche: Nennen Sie ein Beispiel für einen Zeitpunkt, an dem Ihnen klar war, dass der Kunde nicht Recht hatte, aber Sie seinen Wünschen trotzdem entgegenkommen mussten. Wie sind Sie damit umgegangen?"
- „Kennen Sie eine Situation, in der es Ihnen möglich war, die Bedürfnisse des Kunden vorherzusehen, bevor der Kunde etwas gesagt hatte? Beschreiben Sie sie."
- „Beschreiben Sie eine Situation, in der Sie die Erwartungen des Kunden nicht nur erfüllt, sondern in großem Maße übertroffen haben."
- „Nennen Sie ein Beispiel, bei dem Sie mehr Einsatz zeigen mussten, um die Kundenwünsche zu erfüllen, die jemand anders dem Kunden versprochen hatte. Was genau haben Sie gemacht?"

Vertiefungsfragen zur Belastbarkeit

- „Gab es eine Zeit, in der Sie sich mit viel persönlicher Kritik von anderen konfrontiert sahen? Wie sind Sie damit umgegangen?"
- „Nennen Sie ein Beispiel für eine Situation, in der Sie eine Idee hatten, die Sie fallen lassen mussten. Wie sind Sie damit umgegangen?"
- „Beschreiben Sie eine bestimmte Niederlage bei der Arbeit. Wie lange brauchten Sie, um darüber hinweg zu kommen?"
- „Beschreiben Sie eine Situation, in der Sie ein negatives Feedback von Ihrem Vorgesetzten erhalten haben."

- Betrachten Sie sich selbst als belastbare Person?“

Vertiefungsfragen zur Selbstführung

- „Nennen Sie ein Projekt, bei dem Sie von Anfang bis Ende für die Organisation verantwortlich waren. Wie gingen Sie es an? Wie gingen Sie mit auftretenden Veränderungen um?“
- „Haben Sie jemals einen Tag erlebt, an dem Sie nicht alles, was Sie geplant haben, erledigen konnten? Wie gingen Sie damit um?“
- „Welche Haltung haben Sie zum Thema Überstunden?“
- „Wie viel Zeit verbringen Sie täglich damit, sich zu organisieren?“

Vertiefungsfragen zur Zielorientierung

- „Beschreiben Sie das komplexeste Projekt, an dem Sie jemals gearbeitet haben. Wie haben Sie die Handlungsschritte und Meilensteine für dieses Projekt geschafft?“
- „Nennen Sie fünf Ziele, die Sie sich für Ihre Karriere gesetzt haben. Wie viele davon haben Sie bereits erreicht? Was ist mit den Zielen, die Sie bisher noch nicht erreicht haben?“
- „Gibt es etwas in Ihrem Leben, das Sie geschafft haben, was Sie mit vollster Zufriedenheit erfüllt hat? Was ist es?“

Vertiefungsfragen zur interpersonellen Kommunikation

- „Beschreiben Sie die schwierigste Geschäftsbeziehung, mit der Sie bisher umgehen mussten. Warum war sie so

schwierig? Was haben Sie dafür getan, dass die Beziehung harmonischer verlief?“
- „Welches war die stressigste Situation, in der Sie bei der Arbeit Ihre Fassung bewahren mussten? Was haben Sie getan, um Ihre Fassung zu bewahren?“
- „Was ist Ihre größte Kommunikationsstärke? Woher wissen Sie dies?“
- „Nennen Sie eine Situation, in der Sie eine konstruktive Beziehung mit jemandem entwickeln mussten, dessen Standpunkt von Ihrem eigenen abwich. Wie haben Sie diese Beziehung aufrechterhalten?“

Vertiefungsfragen zur persönlichen Verantwortungsübernahme

- „Nennen Sie ein Beispiel für einen Zeitpunkt, an dem Sie anderen gegenüber eingestehen mussten, dass Sie einen Fehler gemacht haben. Wie sind Sie mit dieser Situation umgegangen?“
- „Nennen Sie ein Beispiel für eine Situation, in der andere einen Fehler gemacht haben, für den Sie Verantwortung übernehmen mussten. Wie haben Sie sich dabei gefühlt?“
- „Nennen Sie ein Beispiel für eine Situation, in der Sie aus Ihren Fehlern gelernt haben. Was haben Sie in dieser Situation anders gemacht?“

Vertiefungsfragen zum genauen Zuhören

- „Wie oft setzen Sie Ideen um, die von anderen Personen vorgeschlagen wurden? Können Sie dafür ein Beispiel geben?“

- „Wie vermitteln Sie Ihrem Gesprächspartner, dass Sie klar verstanden haben, was er Ihnen mitgeteilt hat?“

Fragen mit typischen Situationen verbinden

Bei dem Versuch, herauszufinden, was einen Bewerber antreibt und welche Motivation er hat, gelangen Sie zu profunden Antworten, wenn Sie Ihre Fragen stets mit typischen Situationen verknüpfen, die in Ihrem Unternehmen auftreten:

- „Angenommen, kurz vor Schließung betritt ein Kunde das Geschäft und beschwert sich über etwas ... Sie selbst sind nicht dafür verantwortlich. Sie wollen aber auch noch einen wichtigen privaten Termin wahrnehmen. Wie reagieren Sie?“

Mit einem Beispiel verknüpfte Fragen führen meistens zu differenzierten Bewerberantworten, die eine Einschätzung etwa der Arbeitseinstellung erlauben. Zur Verdeutlichung ein weiteres Beispiel: Sie wollen feststellen, wie es um die Konfliktfähigkeit bestellt ist. Dazu konstruieren Sie in Ihrer Frage einen handfesten Krach zwischen zwei Mitarbeitern:

- „Was unternehmen Sie, wenn Sie solch einen Streit zwischen Kollegen mitbekommen?“

Zudem sollten Sie immer wieder Belege für die Antworten einfordern. Wenn der Bewerber äußert, er könne gut mit Stress umgehen, haken Sie nach: „Geben Sie mir ein Beispiel dazu. Wie verhalten Sie sich an Ihrem bisherigen Arbeitsplatz, wenn Sie vom Chef heftig kritisiert werden?“

Geben Sie sich nie mit Standardantworten zufrieden, fragen Sie immer nach und versuchen Sie, Details in Erfahrung zu bringen.

Bereiten Sie sich auf Fragen des Bewerbers vor

Bereiten Sie sich darauf vor, dass auch der Bewerber einige Informationen von Ihnen erfragen wird. Er will prüfen, ob Unternehmen, Stelle und er selbst zusammenpassen. Erfahrene Profiling³-Experten bereiten darum stets eine Unternehmensdarstellung und eine genaue Beschreibung des Jobs, des Arbeitsplatzes und des Arbeitsumfeldes (Strukturen, Führungskräfte, Mitarbeiter, Kollegen, Kunden, Anforderungen, Arbeitsklima etc.) vor. Denn je mehr ein Bewerber über Ihr Unternehmen und Sie weiß, desto besser kann auch er einschätzen, ob der vakante Arbeitsplatz der richtige für ihn ist. Und desto größer ist die Wahrscheinlichkeit, dass zusammenfindet, was zusammenpasst.

Damit Sie Ihr Unternehmen bei einem Bewerber, den Sie unbedingt für eine vakante Stelle gewinnen wollen, entsprechend darstellen können, ist es von Vorteil, ihm die Stelle typgerecht schmackhaft zu machen. Nehmen wir an, Sie wollen dem feuerroten Bewerber Ihr Unternehmen vorstellen, die Position beschreiben und das Geschäftsmodell so erläutern, dass sein Interesse geweckt wird:

- Dann sollten Sie typologisch argumentieren und ihm verdeutlichen, dass er selbstständig arbeiten, einige Sprossen auf der Karriereleiter erklimmen, einen erfolgs- und strikt

leistungsbezogenen Job ausüben und recht gut verdienen kann.
- Diesen Bewerber begeistern Sie, wenn er sein eigener Chef sein darf, freie Gestaltungsmöglichkeiten nutzen und sich seine Mitarbeiter selbst aussuchen kann.

Bei den anderen Verkäufertypen lohnt sich der Einsatz dieser typologischen Argumente:

Argumente, um den sonnengelben Verkäufer zu begeistern

- unabhängige Tätigkeit mit hoher Selbstbestimmung
- nach oben offenes Einkommen
- Backoffice vorhanden
- Entwicklungs- und Entfaltungsmöglichkeiten, eigene Karrieregestaltung
- Selbstverwirklichungsgrad hoch
- junges, dynamisches Team als Unterstützung

Argumente, um den erdgrünen Verkäufer zu überzeugen

- Tätigkeitsschwerpunkt liegt in der Heimat
- Job ist familienkompatibel
- Job bietet Sicherheit und teambegleitete Selbstständigkeit und fußt auf einem seit Jahren bewährten System
- intensive und harmonische Arbeit mit Menschen möglich

Argumente, um den eisblauen Verkäufer zu überzeugen

- Arbeit mit bewährtem Konzept
- Strukturierte und erprobte Einarbeitung obligatorisch
- objektiv messbarer Karriereplan mit Weiterbildungsmöglichkeiten durch Spezialisten
- Ziele: hohe Kundenzufriedenheit und systematische Kundengewinnung
- Zukunftssicherheit durch strategische Planung

Wer die richtigen Profiling-Fragen stellt, kann einem Bewerber bezüglich seiner Kompetenzen, Einstellungen und Motivation auf den Zahn fühlen. Entscheidend ist, verhaltensrelevante Fragen zu stellen, die sich an typischen Situationen, die sich in Ihrem Verantwortungsbereich tagtäglich ereignen, orientieren. So finden Sie heraus, wie sich der Bewerber in konkreten Situationen verhalten wird.

STOPP!

Unserer Erfahrung nach fällt es vielen Führungskräften schwer, eine vakante Stelle typgerecht zu „verkaufen". Darum: Stellen Sie jetzt auf der Basis der Argumente für den feuerroten, den sonnengelben, den erdgrünen und den eisblauen Verkäufer jeweils eine „Musterrede" zusammen, mit der Sie Bewerbern eine offene Position typgerecht schmackhaft machen.

Kapitelfazit

- Profiling³ mit seiner Kombination der sechs Motivatoren und INSIGHTS MDI® hilft Ihnen, die Eignung von Bewerbern typgerecht zu analysieren.
- Im Bewerbergespräch erweitern Sie mithilfe von Profiling³ die Erkenntnisse über die Bewerber für die vakante Stelle.
- Mit den Vertiefungsfragen klären Sie ab, inwiefern ein Bewerber tatsächlich über die relevanten Verhaltensweisen verfügt und welche Motive und Werte ihn bewegen.

KAPITEL 6

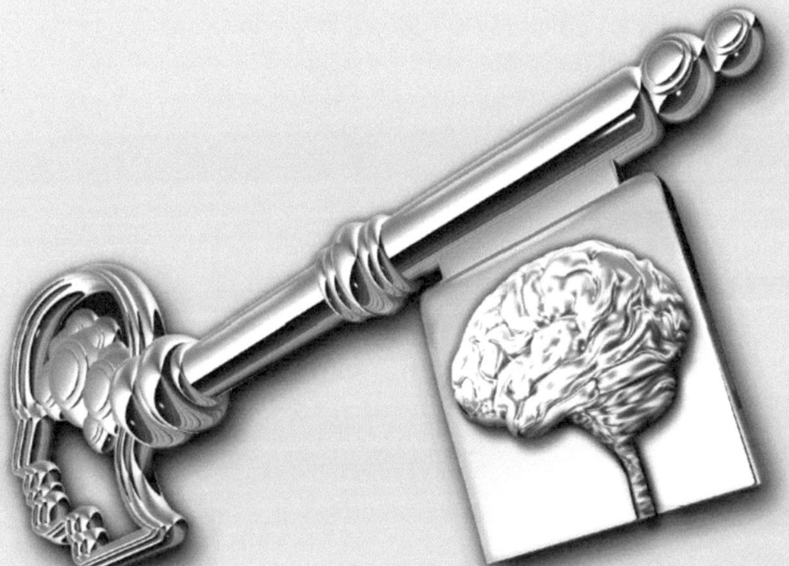

Profiling³ im Verkauf: Besser und mehr verkaufen

Wie tickt dieses Kapitel?

- Im zweiten Profiling³-Praxiseinsatz geht es darum, durch einen typgerechten Umgang mit den Kunden dessen Wünsche noch punktgenauer zu erkennen und ihm im Gespräch einen größtmöglichen Nutzen zu bieten.
- Sie lesen, dass Ihnen die Methode hilft, schwierige Verkaufssituationen besser zu gestalten.

Typgerecht verkaufen

Sich selbst einschätzen können, Menschenkenntnis aufbauen, ein stabiles Vertrauensverhältnis etablieren, eine erste Einschätzung des Gesprächspartners vornehmen, dabei auch die Körpersprache beachten und äußere Merkmale wie die Kleidung berücksichtigen, Fragen stellen, um den Persönlichkeitstyp (= Grundtyp) und die entscheidenden Antreiber oder Motivatoren zu identifizieren – all dies sollten Sie im Kundenkontakt aus dem Effeff beherrschen, vor allem dann, wenn es in das Gespräch mit Interessenten oder Neukunden geht, die Sie gar nicht oder kaum kennen. Dann wird Ihnen so etwas wie der Fluglinien-Dame in der „Hallöchen, Popöchen"-Story nicht passieren, weil es Ihnen gelingen wird, sich auf jeden Interessenten und Kunden authentisch einzustellen.

Wie Sie die Persönlichkeitsstruktur und die Motivatoren von Menschen einschätzen und erfragen, haben Sie bereits, insbesondere in Kapitel 1 und 4, erfahren. Wir wollen Ihr Augenmerk darum auf einige besondere Kunden- und

Verkaufssituationen lenken, in denen Sie Ihre Profiling^3-Kenntnisse gewinnbringend einsetzen können. Doch zuvor gibt es jetzt eine Geschichte, die Frank erlebt hat.

„Schuster, bleib bei Deinen Werten!"

Ich habe einen bekannten Geschäftsführer einer sehr namhaften Juwelier-Kette kennengelernt, der mir als ein grün-gelber Typ stolz berichtete, wie wichtig die Themen Kundenzufriedenheit und Kundenbindung für ihn seien. Er erzählte mir, dass er neulich einen Kunden vor sich hatte, der unbedingt eine 60.000 Euro teure Uhr kaufen wollte – und er, also der Geschäftsführer, alles daran gesetzt hatte, ihn davon abzubringen. Der Grund: Der Geschäftsführer hatte das Gefühl, dass der Kunde dann vielleicht doch nicht glücklich mit diesem Kauf geworden wäre. Kurz, er hat letztlich so lange auf den Kunden eingeredet, bis dieser ohne jene spezielle Uhr den Laden verlassen hat – wobei es natürlich sein kann, dass er sie sich dann doch noch woanders besorgt hat.

Warum aber war das dennoch die richtige Entscheidung des Geschäftsführers? Weil sie im völligen Einklang mit seinen inneren Werten stand: Bei seinem INSIGHTS MDI®-Profil zeigte sich anschließend, dass er ein hoch soziales Motiv hat, ein sehr hohes ästhetisch-harmonisches Motiv und ein sehr geringes ökonomisches Motiv.

Jetzt könnten Sie sagen, der Mensch sei falsch an seinem Platz – aber es zeigt sich ja, dass er dennoch erfolgreich ist. Das liegt sicher auch daran, dass in diesem hochpreisigen Geschäft sowieso eine andere, zurückhaltendere Art der Beratung und des Verkaufs angesagt ist: Kunden in dieser Preiskategorie belohnen es in jedem Fall, wenn sie das Gefühl bekommen, dass jemand wirklich nur ihr Bestes will – und das heißt nicht, einfach ihr Geld „abzocken".

Dem Geschäftsführer der Juwelier-Kette jedenfalls sind seine Werte wichtig und bewusst, und hier greift unsere „Goldene Regel": „Behandele den anderen so, wie Du selbst behandelt werden möchtest". Mittlerweile helfen dem Geschäftsführer die Profiling-Kenntnisse sehr gut, sich selbst zu erkennen, den anderen zu erkennen und dann auch die Sprache des Gegenübers einzusetzen. Und dass nach wie vor in seinen Geschäftskontakten seine Wertewelt eine wichtige – vielmehr: die wichtigste – Rolle spielt, versteht sich von selbst!

Zunächst einmal wollen wir Ihnen spezifische Tipps für den Umgang mit den vier Grundtypen geben.

Den feuerroten Kunden sachorientiert begeistern

Der rot-dominante Kunde begreift das Gespräch mit dem Verkäufer häufig als Machtprobe und verbale Auseinandersetzung mit „scharfen Waffen" – er will sich im „Kampf" mit dem Gesprächspartner durchsetzen und ihn beherrschen. Deshalb versucht er, auf der Inhaltsebene zu punkten: „Hören Sie doch auf damit. Ich habe gestern in der Zeitung gelesen, dass ..." Oder er greift den Verkäufer auf der Beziehungsebene an und bezichtigt ihn der Inkompetenz. Einwände nutzt er als Mittel, um zu verdeutlichen, er, der Kunde, sitze am längeren Hebel. Darum:

Bleiben Sie sachlich und fangen Sie selbst bei Angriffen auf der Beziehungsebene keinen Streit an.

Allerdings: Sie müssen sich nicht beleidigen lassen. Trotzdem sollten Sie jede Möglichkeit nutzen, durch eine ruhige und souveräne Gesprächsführung einerseits ins sachliche Fahrwasser zu gelangen, andererseits dem Kunden das Gefühl zu geben, dass er die Kommunikation dominiert.

Zudem gilt (siehe dazu Scheelen 2018, S. 100-101):

- Ins Geschäft mit einem feuerroten Kunden kommen Sie vor allem dann, wenn er sich überzeugt hat, dass Sie kompetent sind. Überlegen Sie gut, was Ihre Kompetenz ist und welche Vorteile Sie bieten können.
- Bereiten Sie sich optimal vor und konzentrieren Sie sich auf das Wesentliche.
- Reden Sie nicht zu viel, der feuerrote Kunde liebt es, die Fäden in den Händen zu halten.
- Eröffnen Sie ihm Optionen, zwischen denen er sich entscheiden kann.
- Nachteile sollten Sie nicht verschweigen. Wenn der feuerrote Kunde das Gefühl hat, er sei über den Tisch gezogen worden, sind Sie ihn für immer los.
- Schmeicheln Sie ihm ruhig etwas – aber ohne zu dick aufzutragen.
- Dieser Kunde wird immer versuchen, den Preis zu drücken, auch um zu gewinnen und Sie zu besiegen. Lassen Sie ihn gewinnen – nämlich da, wo Sie dies im Voraus eingeplant haben, indem Sie zum Beispiel festlegen, wo Sie zu Zugeständnissen bereit sein wollen und können.

Den sonnengelben Kunden inspirieren

Dem sonnengelben Kunden sind Werte wie Individualität, Innovation, Inspiration und Spaß wichtig. Gehen Sie freundlich und herzlich auf ihn ein. Versuchen Sie, in einer positiv geprägten und vertrauensvollen Atmosphäre zu einem harmonischen Beziehungsaufbau zu gelangen. Kontraproduktiv ist es, wenn Sie kurz angebunden, verschlossen und kühl agieren.

Der beziehungsorientierte Kunde liebt das inspirierende und kreative Gespräch – überlegen Sie sich darum einen spannenden Gesprächseinstieg und heben Sie das Neue, Besondere oder Außergewöhnliche Ihres Angebots hervor.

Zudem gilt (siehe dazu Scheelen 2018, S. 105-106):

- Hören Sie dem sonnengelben Kunden gut zu, nehmen Sie sich Zeit für ihn.
- Er wird Ihnen Geschichten und Anekdoten erzählen, versuchen Sie ihn dann wieder zum eigentlichen Kern des Gesprächs zurückzuführen.
- Vermeiden Sie jede Form von Ungeduld.
- Diesem Kunden fällt es schwer, Entscheidungen zu treffen. Geben Sie ihm darum immer wieder Entscheidungshilfen.
- Bleiben Sie immer freundlich und geben Sie dem sonnengelben Kunden Umsetzungshilfen, auch um das Gespräch zu einem Abschluss zu führen.

Insgesamt gilt: Die angemessene Strategie im Umgang mit dem sonnengelben Kunden besteht darin, offen auf ihn zuzugehen – wobei sich diese Offenheit gleichzeitig in der Körpersprache ausdrücken sollte. Sprechen Sie ihn auf der emotionalen Ebene an, beziehen Sie ihn in die eigene Argumentation ein, etwa durch Sätze wie: „Was halten Sie denn davon ...?“ oder: „Was sagt Ihr Bauchgefühl dazu?“

Mit dem erdgrünen Kunden Beziehung aufbauen

Mit diesem Kunden kommen Sie am besten ins Geschäft, wenn Sie sein Vertrauen gewonnen haben. Es ist ihm vor allem daran gelegen, eine gute Beziehung zu Ihnen aufzubauen. Er achtet sehr auf Qualität, das Produkt oder die Dienstleistung muss einfach gut sein. Das Problem: Es wird Ihnen oft schwerfallen, das Gespräch auf das Gleis „Beratung und Verkauf" zu setzen. Der Grund: Dieser Kunde verharrt konsequent auf dem Beziehungs-Bahnhof. Jedes Mal, wenn Sie vom Small Talk zur Produktpräsentation umschwenken oder durch Fragen feststellen möchten, welchen Bedarf er hat, beginnt er von Neuem: „Was ich Ihnen noch erzählen wollte ...". Zuweilen resultiert dieses Verhalten aus der Ängstlichkeit, das „falsche" Produkt zu kaufen oder überhaupt eine Kaufentscheidung zu treffen. Versuchen Sie, den Kunden aus seiner zögerlichen Haltung herauszuführen, indem Sie ihm nicht zu viel Neues zumuten. Das bedeutet:

Überzeugen Sie mit bewährten Produkten, langen Garantiezeiten und Topservice.

Oft ist es schwierig zu erkennen, was dieser Kunde wirklich will. Durch Ihr konsequentes Auftreten ist eine Lenkung zwar möglich – Sie dürfen dies aber nicht ausnutzen, ansonsten zieht er sich in sein Schneckenhaus zurück und reagiert auf Ihre Argumente noch verhaltener. Bezeugen Sie Ihre Aufmerksamkeit durch

Blickkontakt oder bestätigendes Nicken. Wichtig ist: Legen Sie den Akzent auf Argumente, die ihm Sicherheit bieten und zeigen, dass er so wenig Risiko wie möglich eingeht. Überzeugen Sie ihn dabei durch Fakten und die Zusage, er könne in Ruhe eine Entscheidung treffen. Finden Sie den goldenen Mittelweg zwischen einer Vorgehensweise, die ihm Spielraum für eine eigenständige Entscheidung lässt, und einer behutsamen Steuerung – dies gilt vor allem in der Abschlussphase.

Dem eisblauen Kunden Sicherheit geben

Den eisblauen Kunden erkennen Sie an seinem förmlich-distanzierten Auftreten, er behält sich bei der Entscheidungsfindung Bedenkzeit vor und fragt oft nach. Ein Geschäft mit ihm machen Sie nur, wenn Sie ihn auch im Detail überzeugen konnten und ihm die Sicherheit geben, eine richtige Entscheidung treffen zu können und eine richtige Entscheidung getroffen zu haben. Geben Sie ihm alle Detailinformationen, über die Sie verfügen. Sind seine Zweifel ausgeräumt, wird er kaufen und wahrscheinlich ein treuer Kunde bleiben, solange die Qualität stimmt.

Die Gesprächsführung überlässt er Ihnen, zuweilen weist er darauf hin, dass er auch Konkurrenzangebote einholen wird. Nehmen Sie sich viel Zeit für die Gesprächsvorbereitung. Es ist wichtig für diesen Kunden, dass er weiß: „Ich habe mit einem kompetenten Geschäftspartner zu tun!“ Es lohnt sich, sich auf das Gespräch mit ihm intensiv vorzubereiten und mit logisch aufgebauten Argumenten seinem hohen Informationsbedürfnis entgegenzukommen. Zudem zweifelt er vieles an – dieser Kunde wird Ihnen die sprichwörtlichen „Löcher in den Bauch“ fragen.

Der eisblaue Kunde verhält sich meistens abwartend und zurückhaltend. Zielführend ist es, wenn Sie bei allen Fragen, die er stellt, eine überzeugende Antwort zu geben wissen. Des Weiteren ist es wiederum entscheidend, ein solides Vertrauensverhältnis zu ihm aufzubauen.

Gehen Sie offen und ernsthaft mit seinen Einwänden um. Nutzen Sie Ihre Fachkompetenz, um sie so detailliert wie möglich zu entkräften. Entscheidend ist, dass sich der Kunde von Ihnen verstanden und akzeptiert fühlt. Eine erfolgversprechende Strategie ist es, ihn auf keinen Fall zu unterbrechen, ihn möglichst viel reden und in Ruhe entscheiden zu lassen. Hinzu kommt: Sie sollten sich immer wieder vergewissern, ob der Kunde Ihrer Argumentation folgt. Bestätigt er Ihre Argumente, kann Misstrauen nur schwer aufkeimen. Ein zentraler Punkt:

Vereinbarungen, die Sie mit ihm getroffen haben, sollten Sie punktgenau einhalten. Denn wenn Sie diesen Kunden enttäuschen, ist das Vertrauenspflänzchen wohl für immer zerstört.

Im Kundengespräch auf die Antreiber eingehen

Im nächsten Schritt versuchen Sie in Anlehnung an den Persönlichkeitstypus, den Sie identifiziert haben, mithilfe Ihrer Fragetechnik die wichtigsten Motivatoren des Kunden herauszufinden. Dann verfügen Sie über genügend Informationen, um die Eröffnungs- und Argumentationsphase, aber auch die Einwandbehandlung und die Abschlussphase mit dem jeweiligen Kunden zielgenauer zu gestalten. Bezüglich des erkannten Motivators geben wir Ihnen die folgenden Tipps an die Hand:

- Bei einem Kunden mit einem stark ausgeprägten theoretischen Wert geht es um Wissen, Hintergründe, Ursachen und Zusammenhänge. Hilfreiche Argumente bei ihm sollten an seinen Verstand und seine Vernunft gerichtet sein, denn er ist ein Verstandesmensch.
- Ein Kunde mit einem hohen ökonomischen Wert will messbare Ergebnisse sehen, alles soll sich auch auszahlen. Er legt großen Wert auf Geld und finanzielle Unabhängigkeit – entsprechend sollten Ihre Argumente und Ihre Vorgehensweise strukturiert sein.
- Ein Kunde mit einem stark ausgeprägten ästhetischen Wert misst der Verpackung mehr Bedeutung bei als dem Inhalt. Verdeutlichen Sie ihm zum Beispiel, dass Ihr Produkt oder Ihre Dienstleisung ihm helfen, seine Vision zu verwirklichen. Sorgen Sie im Kundenkontakt für Harmonie.
- Ein Kunde mit einem hohen sozialen Wert nimmt großen Anteil an seinen Mitmenschen. Verdeutlichen Sie ihm, dass – pathetisch gesprochen – durch die Beziehung zu Ihnen die Welt ein bisschen besser wird und er seine Potenziale besser aktualisieren kann.
- Ein Kunde mit einem hohen individualistischen Wert hat ambitionierte Ziele und möchte einiges erreichen. Zeigen Sie ihm auf, dass und wie er mit Ihrer Hilfe seinen Einfluss- und Verantwortungsbereich vergrößern und seine Position optimieren kann.
- Ein Kunde mit einem stark ausgeprägten traditionellen Wert vertritt feste Überzeugungen, für die er sich engagiert einsetzt. Zeigen Sie ihm, dass Ihre Produkte und Dienstleistungen dazu beitragen, seine Welt stabiler und sicherer zu machen.

Tipps für den Profiling³-Umgang mit herausfordernden Verkaufssituationen

Wenn Sie die Profiling³-Vorgehensweise eingeübt haben und gut beherrschen, kann Sie Ihnen vor allem in schwierigen und komplexen Kunden- und Verkaufssituationen weiterhelfen:

- Der reklamierende Kunde baut sich vor Ihnen auf, er steht im psychologischen Nebel, er ist erbost und verärgert. Mithilfe Ihrer Profiling³-Kenntnisse geleiten Sie den sich beschwerenden Kunden zurück ins sachliche Fahrwasser, indem Sie seine Reklamation typgerecht behandeln und dabei seine Motivatoren berücksichtigen. Der ästhetisch veranlagte Kunde wird andere „Wiedergutmachungen" akzeptieren als der ökonomisch interessierte Beschwerdeführer.
- Sie können nun Ihren gesamten Gesprächsleitfaden typgerecht aufbauen – oder besser: Ihre verschiedenen Gesprächsleitfäden. Denn es ist ratsam, zumindest für diejenigen Kundentypen, die Ihnen oft in Ihrer Verkaufspraxis begegnen, einen individuellen Leitfaden mit typgerechtem Interessenseinstieg und einer persönlichkeitsorientiert aufgebauten Präsentations- und Argumentationsphase zu entwickeln. Vor allem in der Einwandbehandlung und in der Abschlussphase macht sich Profiling³ bezahlt. Insbesondere hilft die Kenntnis der Motivatoren, den Kunden vom Nutzen eines Arguments oder eines Abschlusses zu überzeugen, indem Sie ihn zielgenau an seinen Motivations-Hörnern packen.
- Unserer Erfahrung nach hilft die Profiling³-Vorgehensweise dabei, im Preiskampf die Aufmerksamkeit des Kunden auf

diejenigen Bereiche zu lenken, die ihn wirklich interessieren, für ihn von besonderer Bedeutung sind und ihn antreiben. Der Preis spielt dann nicht mehr die dominante Rolle.

- In konfliktären Situationen unterstützt Sie Profiling³ dabei, typgerecht auf den oder die Konfliktbeteiligten einzugehen.
- Bei unsympathischen Gesprächspartnern und Kunden – die soll es ja geben! – ist es möglich, auf der Beziehungsebene typgerecht ein angenehmes Gesprächsklima herzustellen. Beim sympathischen Kunden stellt sich dieses Klima von selbst ein – beim unsympathischen sollten Sie Kreativität entwickeln.
- Wer typgerecht und mit Profiling³ Kunden betreut, baut intensive Wir-Beziehungen auf. Diese sind geprägt durch ein wechselseitiges Vertrauensverhältnis, bei dem „alles zusammenpasst". Dies schlägt sich in Kundenäußerungen nieder wie: „Ich arbeite jetzt schon jahrelang mit ... zusammen, und ich habe immer den größtmöglichen Nutzen dabei gehabt."
- In der abschließenden Weiterempfehlungsphase können Sie jedem Kunden ein „antreiberorientiertes" Angebot unterbreiten, ihm also eine Belohnung für eine Empfehlung in Aussicht stellen, die zu ihm passt.
- Sie erreichen mit Profiling³ Effektivität auf allen Ebenen. Sie richten Ihre Produkte und Serviceaktivitäten, Ihre Strategie, Ihre Abläufe und Prozesse sowie Ihre Kompetenzen und Einstellung so aus, dass eine herzlich-persönliche Betreuung *aller* Kunden möglich ist.

So spürt Ihr Gesprächspartner, dass Sie sich nichts sehnlicher wünschen, als IHN, und nur IHN, als Kunden zu gewinnen.

STOPP!

Überlegen Sie, wie Sie das Reklamationsgespräch typgerecht in ein Beratungsgespräch überführen können:

- Entwickeln Sie einen Leitfaden für das „optimale typgerechte Reklamationsgespräch", der dann von Ihnen in der konkreten Situation den realen Gegebenheiten angepasst wird.
- Entwickeln Sie diesen Leitfaden erst für einen Kundentyp, dann auch für weitere. So entsteht ein professionelles Reklamationsmanagement, bei dem das empathische Sich-Einfühlen in die Vorstellungswelt des Kunden die bedeutsamste Rolle spielt.

Kapitelfazit

- Im Kundengespräch unterstützt Profiling^3 Verkäufer dabei, die verschiedenen Kundentypen zielgenau zum Abschluss zu führen. Im Bewerbergespräch erweitern Sie mithilfe von Profiling^3 die Erkenntnisse über die Bewerber für die vakante Stelle.

- So gelingt es, die Eröffnungs- und Argumentationsphase und auch die Einwandbehandlung sowie die Abschlussphase kundentypgerecht zu gestalten.

KAPITEL 7

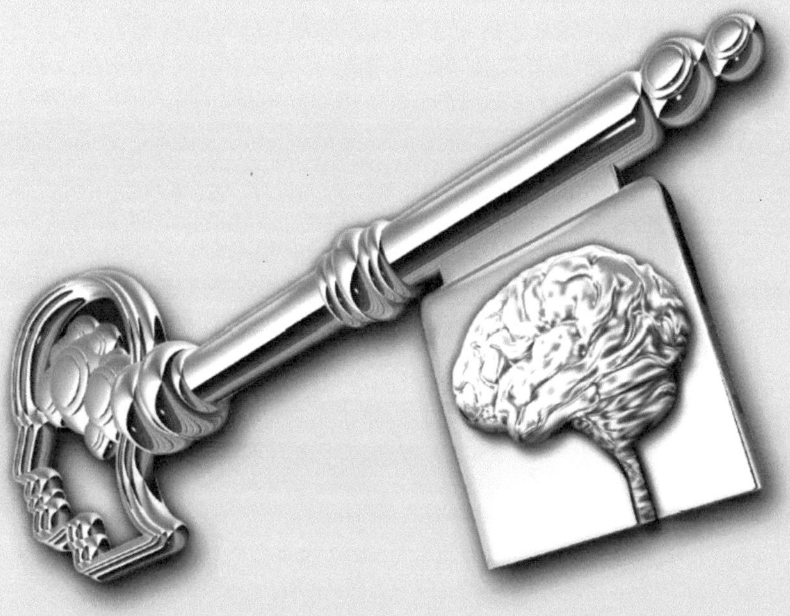

Profiling³ in der Führung: Mitarbeiter und Teams zu Höchstleistungen motivieren

Wie tickt dieses Kapitel?

- Profiling³ hilft Ihnen, Ihre Mitarbeiterführung zu verbessern und ein schlagkräftiges Vertriebsteam zusammenzustellen.
- Sie erfahren, wie Sie Ihre Mitarbeiterführung verbessern und ein Vertriebsteam zusammenstellen, um die Leistungsträger „lebenslänglich“ an Ihr Unternehmen zu binden.

Im Mitarbeitergespräch besser kommunizieren

Bei der Mitarbeiterführung unterstützt Sie Profiling³ gleich in mehrfacher Hinsicht. Zum einen analysieren Sie, welche Führungspersönlichkeit Sie sind und welche Persönlichkeitsstruktur bei Ihnen vorliegt. Wer weiß, wie er als Chef tickt und auf andere wirkt, kann die Konsequenzen seiner Führungsarbeit abschätzen und sich dem Führungskontext, in dem er agiert, anpassen. Entscheidend jedoch ist, dass Sie nun die Kommunikation mit Ihren Mitarbeitern optimieren und zum Beispiel in den Mitarbeitergesprächen auf die Persönlichkeitsstruktur des jeweiligen Menschen eingehen können.

Ganz gleich, ob Sie sich nun im Zielvereinbarungsgespräch, im Beurteilungsgespräch, im Kritikgespräch, im Motivationsgespräch oder im Konfliktlösungsgespräch befinden: Sie wissen, mit welchem Grundtypen Sie zu tun haben und können die bestimmenden Motivatoren einschätzen und darauf Ihre Gesprächsstrategie abstimmen. Commitment, Lob, Kritik, Motivation – als diese Aspekte erfolgen nun im Hinblick auf das

Persönlichkeitsprofil des oder der Mitarbeiter. Und natürlich hat dies auch Vorteile für die Teamführung.

Bevor wir einige der genannten Aspekte vertiefen, erzählt Ihnen Oliver eine weitere Story.

Die Knipser-Geschichte

Jeder sport- und fußballbegeisterte Fan kennt den Traum der Vereine, einen Knipser in den Sturmreihen zu wissen – einer, der immer zum richtigen Zeitpunkt am richtigen Ort im Strafraum ist und den Ball über die Torlinie schiebt. Dazu sind Instinkt und Können notwendig. Die Fähigkeit zu knipsen spielt auch in meiner Story eine Rolle, aber in einem etwas anderen Zusammenhang als dem sportlichen.

Bei einem meiner Kunden, beheimatet in Düsseldorf im Bereich Maschinenbau, sollte ich das Verkaufsteam „auf Vordermann" bringen. So die Formulierung am Telefon im Gespräch mit dem Geschäftsführer, ein knallroter dominanter Chef. Es ging um den Verkauf von Lasergeräten, im hochpreisigen Bereich. Im Team saßen damals 30 Mitarbeiter – ja, es waren tatsächlich alles Männer, blau-grüne Ingenieurstypen mit theoretisch-individualistischen und leicht ökonomischen Antreibern, eher introvertiert, sachlich, auf Sicherheit bedacht, vorsichtig agierend, geradezu mit einer Blockade, auf der Emotionsebene zu argumentieren, einheitlich im Overall gekleidet. Die 30 Mitarbeiter im Team konnten mein Training gut gebrauchen, in dem es vor allem darum ging, sie unter Berücksichtigung ihrer dominanten Persönlichkeitsstruktur darauf vorzubereiten, im Gespräch mit den Kunden etwas mehr aus ihrer Komfortzone herauszutreten. Sie sollten lernen, nicht nur über sachliche Produktinfos zu verkaufen, sondern auch die Gefühlswelt der Kunden zu betreten.

Noch nötiger allerdings hätte der Geschäftsführer ein Training gebrauchen können. Denn dieser feuerrote Typ mit vor allem ökonomisch-individualistischem Motivator sagte zu mir, und zwar vor dem gesamten Team zu Beginn der Maßnahme: „Herr Vogelhuber, ganz wichtig, die müssen endlich mal lernen, zu knipsen, ja, so richtig beim Abschluss zu knipsen …" Dabei ballte der kleine Feldherr, entfernt an Napoleon erinnernd, die Faust, ein bisschen wie ein Motivations-Tschakka. Das Team hätte wahrlich einen anderen Chef verdient, der es zumindest im Ansatz verstanden hätte, auf die Befindlichkeit der Männer einzugehen. Und eventuell wäre es hilfreich gewesen, ein bisschen mehr Vielfalt in das Team zu bringen …

Der Napoleon-Tschakka hätte es am liebsten gesehen, wenn ich aus den blau-grünen Teammitgliedern knallhart abschlussorientierte Hardcore-Verkäufer „gemacht" hätte. Bei Profiling^3 geht es jedoch nicht darum, Menschen zu verbiegen. Nach der Maßnahme haben sich die Teilnehmer dafür bedankt, dass es mir gelungen sei, ein paar Samen einzupflanzen, man sei gespannt, was daraus entstehen und welche (Verkaufs-)Früchte das Training im konkreten Kundenkontakt tragen würde. Sie sehen, es lagen allein schon sprachlich Welten zwischen Chef und Team. Das bestätigte der Geschäftsführer dann auch noch einmal aufs Schönste: „Das war okay, was Sie da gemacht haben, Herr Vogelhuber, nur: Etwas mehr knipsen hätte ich mir schon gewünscht!"

Die Story zeigt, welche Vorteile Profiling^3 mit sich bringt: Dem dunkelroten Geschäftsführer würde es gut tun, seine Wirkung auf seine Mitarbeiter zumindest ansatzweise einschätzen zu können. Und wie es in dessen Mitarbeitergesprächen zugeht, mag man sich lieber nicht vorstellen.

Umgang mit Mitarbeitertypen verbessern

Mit Profiling³ erhalten Sie Aufschluss über die besonderen Fähigkeiten, Stärken und Schwächen Ihrer Mitarbeiter. So können Sie als Beziehungsmanager individuell auf sie eingehen – das zeigt ein Beispiel, bei dem wir davon ausgehen, dass Sie es mit einem feuerroten Mitarbeiter zu tun haben. Gehen Sie dazu in drei Schritten vor und beherzigen Sie die anschließenden Tipps.

- **Schritt 1: Persönlichkeitseigenschaften vergegenwärtigen:** Beschäftigen Sie sich intensiv mit den Charaktereigenschaften und Verhaltensweisen des roten Mitarbeiters. Nutzen Sie dazu die Beschreibungen, die Sie mittlerweile kennengelernt haben. Nach der Beschäftigung mit dem feuerroten Mitarbeiter wissen Sie, dass er Feedback gut annehmen und als das definieren kann, was es ist. Dieser Mitarbeiter fühlt sich selten persönlich angegriffen, weil er meist über ein stark ausgeprägtes Selbstvertrauen verfügt. Zudem ist er generell sehr sach- und aufgabenorientiert, beruflich engagiert und bleibt gern auf dem Laufenden. Er verfolgt aktuelle Entwicklungen und bleibt stets „am Ball". In unserem Beispiel nehmen wir zudem an, dass seine bestimmenden Antreiber der individualistische und der theoretische Antreiber sind. Sein Unabhängigkeitsstreben ist also stark ausgeprägt.

- **Schritt 2: Tipps für die Führung des feuerroten Mitarbeiters**: Sie können den feuerroten Mitarbeiter nun ganz gut einschätzen und dieses Wissen in verschiedenen Führungssituationen einsetzen. Ganz wichtig dabei:

Berücksichtigen Sie dabei immer Ihre eigene Persönlichkeitsstruktur und die Wirkung Ihrer Persönlichkeit auf die Persönlichkeit des Mitarbeiters.

- **Schritt 3: Verallgemeinern Sie nichts**: Bedenken Sie, dass in der Realität meistens Mischtypen vorkommen und es selten den reinen roten oder gelben Mitarbeiter gibt. Darum ist es notwendig, die Strategien im Umgang mit einem Mitarbeiter nicht eindimensional einzusetzen, sondern sie sinnvoll miteinander zu kombinieren.

Das gilt im Übrigen auch für Ihren Umgang mit *Ihren* Vorgesetzten, die sich ebenfalls einem Persönlichkeitstyp zuordnen lassen. Nutzen Sie Ihre Profiling^3-Kenntnisse, um mit Ihrer Führungskraft besser klar zu kommen.

Tipp 1: Zeigen Sie Führungsstärke

Treten Sie im Umgang mit dem roten Mitarbeiter selbstbewusst auf. Er darf ruhig wissen, dass immer noch Sie es sind, der der Chef ist. Das wird vom dominanten Feuerroten zuweilen vergessen.

Allerdings: Auch wenn Sie der Vorgesetzte sind – ein Roter braucht immer einen Grund, um jemandem seine uneingeschränkte Aufmerksamkeit zu schenken. Darum sollten Sie ihn motivieren, indem Sie ihm zum Beispiel belegen, dass die Akquisitionsoffensive, die demnächst ansteht, ihm hilft, sich zu profilieren, Erfolg zu haben, etwas Neues auszuprobieren und seine Unabhängigkeit unter Beweis zu stellen. Dann fängt dieser Mitarbeiter rasch Feuer und ist mit Engagement, Leidenschaft und Herzblut bei der Sache.

Tipp 2: Kommen Sie dem Dominanzstreben des roten Mitarbeiters entgegen

Geben Sie dem Mitarbeiter wo immer möglich Lob und Anerkennung, eröffnen Sie ihm Spielräume, von seinen Erfolgen ausführlich zu berichten. So befriedigen Sie sein Dominanzstreben. Einem Roten können Sie ruhig auch ein bisschen schmeicheln. Und wenn Sie ihm Aufgaben zuweisen, erwartet er, dass Sie präzise formulieren, ihm eindeutige Informationen geben und Ihr Anliegen deutlich beschreiben. Im Delegationsfall dann ist es wichtig, ihm nicht nur die Aufgabe, sondern auch die dazu notwendigen Kompetenzen und die Verantwortung zu übertragen. Das kommt seinem Unabhängigkeitsstreben entgegen, und damit einem seiner wichtigsten Antreiber.

Tipp 3: Motivieren Sie nutzenorientiert

Sie motivieren den Roten, indem Sie ihm klarmachen, was er – zum Beispiel – bei einer Kundenaktion gewinnen kann. Verdeutlichen Sie ihm die Vorteile, die er hat. Erläutern Sie ihm, was für ihn dabei herausspringt, wenn er sich engagiert. Allerdings: Wenn es Nachteile gibt, sollten Sie diese auf keinen Fall verschweigen.

Tipp 4: Argumentieren und kritisieren Sie hart und sachlich, aber freundlich

Wenn Sie als dominante Führungskraft mit dem selbstbestimmten, auf Status und Prestige bedachten roten Mitarbeiter diskutieren oder ein Konfliktgespräch führen, müssen Sie natürlich anders vorgehen als bei dem gelassenen und toleranten Mitarbeiter, der dazu neigt, sich anzupassen. Wenn ein Roter mit etwas nicht einverstanden ist, wird er dies deutlich zum Ausdruck bringen. Wichtig ist dann, immer sachlich zu bleiben, Provokationen zu vermeiden und mit stichhaltigen Argumenten zu arbeiten.

Tipp 5: Lassen Sie die Fach- und Sozialkompetenzen trainieren

Der rote Mitarbeiter interessiert sich besonders für Personalentwicklungs- und Weiterbildungsmaßnahmen, die seine fachlichen Fähigkeiten trainieren und verbessern. Zudem bieten sich für ihn Seminare an, die sich mit dem zwischenmenschlichen Miteinander, der Kommunikation und verwandten Themen beschäftigen. Dort kann er gezielt seine sozialen Kompetenzen vertiefen und ausbauen. Er braucht möglichst den direkten Praxisbezug, wenn er etwas üben oder neu erlernen soll.

Der Rote arbeitet in der Regel überdurchschnittlich schnell und geht organisiert und strukturiert vor. Darum: Je besser eine Schulung geplant ist, desto leichter tut er sich mit den Lerninhalten. Das optimale Seminar für den feuerroten Mitarbeiter sollte so aufgebaut sein, dass der Trainer schrittweise und konsequent vorgeht und einprägsame Grafiken einsetzt. Unklare Aufgabenstellungen, einseitige und monotone Präsentationen oder chaotisches Vorgehen demotivieren ihn.

Feuerrote Typen sollten auf jeden Fall an ihrer Fähigkeit arbeiten, aktiv zuzuhören und das Verkaufsgespräch durch Fragen zu leiten. Da sie oft als überrumpelnd, ja aggressiv wahrgenommen werden, sollten sie außerdem lernen, sich zurückzunehmen, andere Argumente zu überdenken und auch einmal etwas aus einer anderen als der eigenen Perspektive zu sehen.

Übrigens: Dieser Tipp, der für die Mitarbeiterentwicklung gilt, trifft natürlich auch auf die Weiterentwicklung von Führungskräften zu. Unserem Napoleon-Tschakka würde gewiss der Lernprozess helfen, die Perspektive zu wechseln und sich in die Vorstellungswelt anderer Menschen zu begeben.

Tipp 6: Berücksichtigen Sie, welcher Typus Sie selbst sind

Gerade beim dominanten Roten sollten Sie die spezifischen Interaktionen bedenken, die entstehen, wenn „Ihr" Persönlichkeitstyp auf diesen Mitarbeiter trifft:

- Wenn Sie selbst ein Roter sind (und das ist aufgrund Ihrer Tätigkeit als Führungskraft wahrscheinlich), werden Sie wohl keine größeren Probleme mit dem roten Mitarbeiter haben. Sie beide sind insgeheim vielleicht froh, einen gleichwertigen Partner gefunden zu haben.
- Wenn Sie ein Gelber sind, sollten Sie darauf achten, die Beziehung zum Mitarbeiter nicht allzu persönlich zu gestalten. In dieser Hinsicht sind der Mitarbeiter und Sie wahrscheinlich vollkommen verschieden.
- Wenn Sie ein Grüner sind, sind Sie der „Gegentyp" des feuerroten Mitarbeiters. Lassen Sie sich nicht einschüchtern – Sie sind der Chef!
- Wenn Sie eine blaue Führungskraft sind, sollten Sie darauf achten , den roten Mitarbeiter nicht mit allzu vielen Zahlen, Daten und Fakten zu überschütten.

STOPP!

Nutzen Sie die Hinweise für den Umgang mit dem feuerroten Mitarbeiter, um auch Strategien für den Umgang mit den anderen Typen festzulegen. Dabei gilt prinzipiell:

- Umgang mit dem sonnengelben Mitarbeiter: Geben Sie ihm Raum zur Entfaltung seiner kreativ-innovativen Potenziale und versuchen Sie, eine Beziehung zu ihm aufzubauen.
- Umgang mit dem erdgrünen Mitarbeiter: Versuchen Sie, sein Vertrauen zu gewinnen und sein Misstrauen zu überwinden.
- Umgang mit dem eisblauen Mitarbeiter: Loben Sie sein Expertenwissen und geben Sie ihm Aufgaben, die er gründlich durchdenken muss.

Stellen Sie ein leistungsstarkes Team zusammen

Die Unterschiedlichkeit der Menschen ist bei der Teambildung meistens ein Segen. Warum? Weil wohl kaum ein Team funktionieren würde, in dem zum Beispiel sechs dominante und feuerrote Verkäufer zusammentreffen. Und wenn die kreativen Funken sprühen, weil *alle* Teammitglieder zu den innovativen Sonnengelben gehören, fiele es dem Team wohl schwer, vor dem Sankt Nimmerleinstag in die Umsetzung zu kommen.

Von den Vorteilen der Ungleichheit

Positiv formuliert: Es ist gerade die Unterschiedlichkeit in den Fähigkeiten, in der Persönlichkeit, den Einstellungen und Verhaltensweisen der Menschen, die es erlaubt, ein Team mit Mitgliedern zusammenzustellen, die optimal zusammenarbeiten. Nur machtbewusste Alphamännchen, nur pedantische

Controller, nur risikoscheue Bewahrertypen – das geht nicht lange gut.

Unterschiedlichkeit wirkt also meistens belebend. Darum ist es richtig, die einzelnen Persönlichkeitstypen mit Aufgaben zu versorgen, die genau ihrem Verhalten und ihren Stärken entsprechen, und so ein Team mit verteilten Kompetenzen zusammenzustellen, bei denen die Stärkenprofile der einzelnen Mitglieder einander ergänzen. Nach dem Komplementärprinzip ergänzen sich die Kompetenzen und Stärken der Teammitglieder zu einer „rund laufenden Maschine" – das belegen wir gleich mithilfe eines Beispiels aus dem Vertriebsbereich. Hinzu kommt: In einer Studie auf der Grundlage von INSIGHTS MDI® fanden Forscher heraus:

Leistungsfähige Teams bestehen oft aus Menschen, die sich in ihren Fähigkeiten, Erfahrungen und Verhaltenstypen ergänzen.

Dabei gilt: Je besser jedes einzelne Teammitglied für seine Aufgabe geeignet ist, desto größer sind die Synergien und desto geringer ist das Konfliktpotenzial.

Teams nach Rollenfunktionen zusammensetzen: das Teamrad

Bezüglich der Fachkompetenzen ist es längst Konsens: Bei der Teamzusammenstellung wird darauf geachtet, dass sich die Qualifikationen der Teammitglieder sinnvoll ergänzen. Dasselbe sollte jedoch auch für den Verhaltensbereich gelten. Die Ergebnisse von Profiling^3 und insbesondere INSIGHTS MDI®unterstützen Sie dabei, die besonderen Fähigkeiten und Verhaltensweisen der Teammitglieder aufeinander abzustimmen. INSIGHTS MDI® hat dazu ein „Teamrad“ entwickelt – die Abbildung 10 zeigt ein Beispiel:

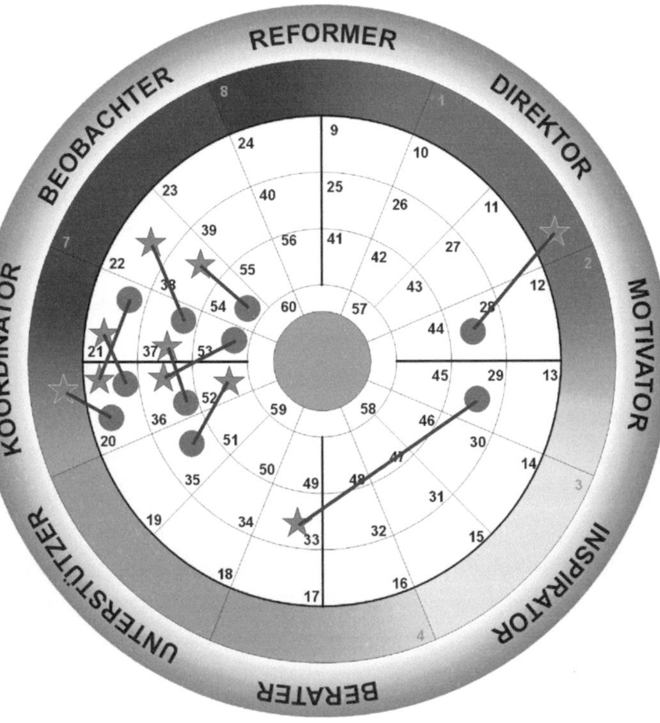

Abbildung 10: Das Teamrad

Das Teamrad zeigt, welche Stärken und Schwächen jeder Typ in das Team einbringt. Für das Beispiel gilt: Die Typen in der oberen Hälfte sind eher an Aufgaben, die in der unteren Hälfte eher an Menschen orientiert. Die Punkte – Sie kennen das ja – bezeichnen den Basisstil der Teammitglieder. Die Sterne, mit denen die Punkte verbunden sind, zeigen den adaptierten Stil an. So verhalten sie sich, um ihre Aufgabe erfüllen zu können. Sie sehen, dass in diesem Team einige Mitglieder nicht optimal eingesetzt werden, da Basisstil und adaptierter Stil zu weit auseinanderliegen.

Acht Typen – acht Aufgaben: Ausgewogene Arbeit im Vertriebsteam

Erfolgreiche Vertriebsteams setzen sich meistens aus Verkäufern zusammen, die einen hohen rot-gelben Anteil haben, die also über die Verhaltensweisen des dominanten und zielgerichteten feuerroten Verkäufers und die des initiativen und begeisterungsfähigen sonnengelben Verkäufers verfügen. Aber natürlich steht hinter jedem erfolgreichen Außendienst immer ein Team, das die Verkäufer unterstützt und ihnen zuarbeitet – denken Sie nur an die Mitarbeiter aus Bereichen wie zum Beispiel Marketing, Auftragsabwicklung, Kundenservice und Innendienst. Mithilfe von Profiling³ und INSIGHTS MDI® können Sie Teams zusammenstellen, die für diese verschiedenen Aufgaben im Team bestens vorbereitet sind. Sie erinnern sich an Kapitel 4, in dem wir Ihnen die acht Haupttypen vorgestellt haben? Dieses Wissen hilft uns jetzt weiter:

- **Direktor**: Er treibt das Team an, übernimmt die Kontrolle, sorgt für Entscheidungen und Ergebnisse. Er hat die Aufgaben im Blick, die erledigt werden müssen.
- **Motivator**: Er visualisiert die Zukunft und kann das große Bild malen. Er sorgt für Schwung und Begeisterung und dafür, dass das Team nicht stagniert, sich durch Innovation weiterentwickelt und neue Aufträge erhält.

- **Inspirator**: Er unterhält die Verbindungen und Netzwerke nach außen, ergreift die Initiative, um Entwicklungen anzuschieben, und begeistert andere dafür. Er kümmert sich darum, dass das Team gemeinsam lachen und Spaß haben kann.
- **Berater**: Er bemüht sich um Ausgleich und Zusammenhalt des Teams, zeigt Verständnis für andere, behält das menschliche Element im Auge. Er achtet darauf, dass die Bedürfnisse der Einzelnen nicht zu kurz kommen.
- **Unterstützer**: Er liefert Einsichten und Hintergründe. Er trägt zur Umsetzung bei und macht deutlich, aus welchen Überzeugungen heraus das Team seine Aufgabe erfüllt, und sorgt so dafür, dass es nicht von seinem Weg abkommt.
- **Koordinator**: Er kümmert sich um den reibungslosen Ablauf und die ordnungsgemäße Umsetzung. Er kennt die Fakten, versteht den Prozess und berücksichtigt auch die Details.
- **Beobachter**: Er entwirft und analysiert die Konzepte, nach denen das Team arbeitet. Er dringt tief in die Probleme ein und sorgt dafür, dass kaum Fehler im Detail entstehen.
- **Reformer**: Er beobachtet den logischen Ablauf und reagiert sofort, wenn etwas schief läuft. Er bedenkt das Für und Wider, entdeckt Widersprüche in Konzept oder Planung und sorgt für die Umsetzung.

Ein solches Team ist ausgewogen in seiner Zusammensetzung. Es sind einerseits Typen vertreten, deren Augenmerk speziell der Erfüllung der Aufgaben gilt. Auf der anderen Seite sind Persönlichkeitstypen mit dabei, die sich besonders auf den Prozess konzentrieren und dafür sorgen, dass das Team harmonisch und motiviert arbeitet sowie gut miteinander kommuniziert – das verdeutlicht Abbildung 11.

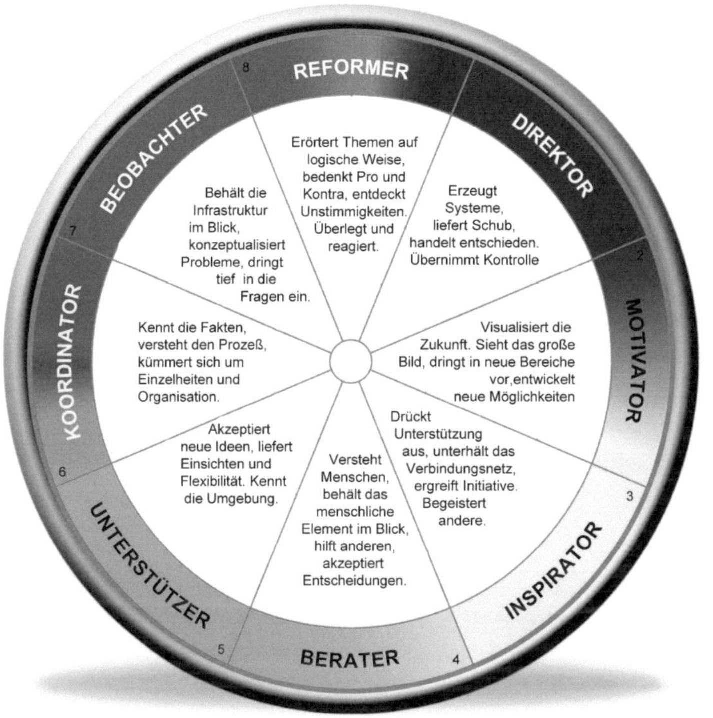

Abbildung 11: Das ausgewogene Team

Versteht das Team, nicht zuletzt durch Ihre Vermittlung als Führungskraft, dass die Unterschiedlichkeit entscheidend ist für die effektive Erfüllung der Teamaufgaben, ist es möglich, in gegenseitiger Anerkennung und Respekt miteinander zu arbeiten und Unterschiede als etwas Positives zu betrachten.

Ausgewogene Teams tragen dazu bei, dass die einzelnen Persönlichkeitstypen mehr Verständnis und Toleranz füreinander entwickeln. Gerade Typen, die einander auf dem Rad gegenüberliegen, also sehr unterschiedliche Verhaltensstile bevorzugen, lernen die Stärken des anderen zu schätzen. Typen, die dazwischenliegen, können vermitteln und zum gegenseitigen Verständnis beitragen.

Jeder weiß nun, dass das Denken, die Wahrnehmung und die Kommunikation der anderen Teammitglieder vielleicht auf einer ganz anderen Ebene abläuft, als dies bei einem selbst der Fall ist. Erkennen heißt dann Verstehen.

Denn wem bekannt ist, dass es dem anderen aufgrund seiner Persönlichkeitsstruktur schwerfällt, Veränderungen zu akzeptieren und Risiken einzugehen, wird dies bei der Beurteilung des Teamkollegen berücksichtigen.

Dieses Wissen nutzt insbesondere dem Teamleiter. Er kann aufgrund der Kenntnis der Persönlichkeitsprofile darauf achten, nicht gerade den Kreativen im Team mit organisatorischen Aufgaben zu blockieren, dem disziplinierten Controller bei der Entfachung des Teamgeistes eine verantwortungsvolle Rolle zu übertragen oder bei der Vergabe einer Spezialaufgabe nicht den Visionär mit dem Buchhaltertypen zusammenzubringen.

Die Unterschiedlichkeit hat allerdings auch Nachteile: Ein ausgewogenes Team wird für die Entscheidungsfindung länger brauchen als ein Team, das aus lauter ähnlichen Typen besteht. Aber: In die Entscheidung fließen jetzt unterschiedliche

Perspektiven ein. Dies gewährleistet, dass weniger Fehler und Irrtümer unterlaufen. Hinzu kommt: Probleme werden von ausgewogenen Teams „vierseitig" gelöst, und zwar durch:

1. **Intuition**: Ideen werden gesammelt, um Lösungen für das Problem zu entwickeln.
2. **Wahrnehmung**: Fakten werden zusammengetragen und Details des Problems betrachtet.
3. **Denken**: Das Problem wird objektiv analysiert, um Ursache und Wirkung jeder möglichen Lösung zu berücksichtigen.
4. **Fühlen**: Es wird darüber nachgedacht, wie sich die möglichen Lösungen des Problems auf die beteiligten Leute auswirken.

STOPP!

In einer letzten Übung geht es nun darum, dass Sie mit Profiling^3 die Zusammensetzung Ihres Teams optimieren.

- Nach welchen Kriterien haben Sie Ihr Vertriebsteam bisher zusammengestellt?
- Überprüfen Sie, welche Typen in Ihrem aktuellen Team sitzen.
- Was muss geändert werden?
- Inwieweit hilft Ihnen Profiling^3 dabei?
- Welche Personalentwicklungsmaßnahmen (Neueinstellungen, Umstellungen, Weiterbildungen) müssen Sie vornehmen, um zu einem ausgewogenen Team zu gelangen, in dem möglichst viele Leistungsträger sitzen?

Kapitelfazit

- Die Kenntnis der Persönlichkeitsprofile der Mitarbeiter hilft dabei, mitarbeiterindividuell zu führen und zu motivieren. So können die Leistungsträger ans Unternehmen gebunden werden.
- Profiling³ unterstützt Sie dabei, ein ausgewogenes Team mit vielen Leistungsträgern zusammenzustellen, in dem jedes Teammitglied an seinem Platz optimale Leistungen erbringt.
- Mit Profiling³ erhöhen Führungskräfte die Leistungsfähigkeit der Mitarbeiter und der Teams.

Schlusswort: Am Ende der Reise geht es erst so richtig los!

Wir sind am Ende der langen Profiling^3-Reise angelangt. Sie haben ein klares Bild davon, wie Sie sich selbst und das Persönlichkeitsprofil anderer Menschen einschätzen können. Wir sind sicher: Ihre Selbst- und Menschenkenntnis hat sich deutlich verbessert. Unsere praxisorientierten Hinweise und Tipps unterstützen Sie dabei, mit Profiling^3 im Recruiting, im Verkauf und in der Mitarbeiterführung noch bessere Ergebnisse zu erzielen. Wenn Sie nach der Lektüre wissen,

- wie Sie vakante Stellen in Ihrer Vertriebsabteilung mit dem idealen und besten Mitarbeiter besetzen,
- wie Sie Ihre Verkaufsgespräche optimieren und jedem Kunden genau das geben und bieten, was dieser sich sehnlichst wünscht, und
- wie Sie Ihre Mitarbeiter so führen und motivieren, dass sie einen optimalen Beitrag zur Erreichung der Unternehmensziele leisten und Ertrag und Gewinn beträchtlich und nachhaltig steigern,

... dann haben wir die Ziele erreicht, die wir mit diesem Buch verfolgen. Jetzt jedoch geht es erst so richtig los! Es ist spätestens ab heute Ihre zentrale Aufgabe, in die Umsetzung und ins Handeln zu kommen und all das, was Sie erfahren haben, in Ihrem spezifischen Verantwortungsbereich umzusetzen. Gern stehen wir Ihnen dabei zur Seite, setzen Sie sich mit uns in Verbindung.

Profiling^3 erhebt keinen Allgemeingültigkeitsanspruch. Nehmen und nutzen Sie Profiling^3 und die hier beschriebenen Instrumente als Personalauswahl-, Vertriebs- und Führungstools, mit denen Sie die Effizienz in Ihrem Verantwortungsbereich erhöhen. Dabei sollten Sie die Tools als eine sinnvolle Ergänzung zu persönlichen Gesprächen und individuellen Eindrücken und als unterstützende Hilfsinstrumente bei der Einschätzung von Menschen sehen. Menschenkenntnis und gesunder Menschenverstand spielen eine große Rolle, wenn es um diese Einschätzung geht.

In diesem Sinn wünschen wir Ihnen alles Gute für Ihre Zukunft, aber vor allem viel Entdeckerlust, Entwicklerlust und Erfolgslust bei der Umsetzung von Profiling^3.

Stichwortverzeichnis

Literaturverzeichnis

- Ballier, Roland; Wendel, Susanne (2010): *Denkst du noch oder war's das schon?* Südwest Verlag, München, 2. Auflage 2010
- Brockmann, Dorothee; Schröder, Andrea von (2017): *Potenzialorientiert führen. Motiviertere Mitarbeitende durch eine neue Unternehmenskultur.* Haufe Verlag, Freiburg 2017
- Bußmann, Nicole (2019): *Wie veränderbar ist der Mensch? Neurowissenschaftler Gerhard Roth im Interview.* in: managerSeminare, Heft 251, Februar 2019, S. 56-63
- Grant, Adam (2013): *Geben und Nehmen.* Droemer Knaur, München 2013
- Halo-Effekt: https://karrierebibel.de/halo-effekt/#Definition-Was-ist-der-Halo-Effekt. (Aufgerufen am 24.01.2019)
- Hermann, Hans-Dieter (2008): *Spuren im Schnee.* Interview. In: Der SPIEGEL 13/2008, S. 132-135
- Hofmann, Thorsten (2018): *Das FBI-Prinzip. Verhandlungstaktiken für Gewinner.* Ariston Verlag, München 2018
- Hüther, Gerald (2016): *Bedienungsanleitung für ein menschliches Gehirn.* Göttingen: Vandenhoeck & Ruprecht, 12., unveränderte Auflage 2016
- Kanning, Uwe P. (2018): *Von der Triebtätersuche zur erfolgreichen Personalauswahl.* Kolumne vom 04.10.2018. www.haufe.de/personal/hr-management/profiling-in-der-personalauswahl_80_472540.html. (Aufgerufen am 24.01.2019)
- Keck, Reinhard; Rüsseau, Marc-André (2014): *Menschen durchschauen wie ein Polizeipsychologe. Von den Experten der Polizei für den Alltag lernen.* Riva Verlag, München 2014
- Luft, Joseph; Ingham, Harry (1955): *The Johari window. A graphic model of interpersonal awareness.* In: Proceedings of the western training laboratory in group development, Los Angeles: UCLA, 1955
- Müller, Martin U. (2019): *Plaudernd zum Job.* In: Der Spiegel 03/2019, S. 66-67
- Reziprozitätsregel: http://deacademic.com/dic.nsf/dewiki/1178435. (Aufgerufen am 24.01.2019)

- Rock, Hermann (2016): *Erfolgreiche Gehaltsverhandlung: So nutzen Sie die Psycho-Tricks des FBI*. Artikel vom 16.11.2016 www.focus.de/finanzen/experten/karriere-erfolgreiche-gehaltsverhandlung-so-nutzen-sie-die-psycho-tricks-des-fbi_id_6192405.html. (Aufgerufen am 24.01.2019)
- Scheelen, Frank M. (2018): *Menschenkenntnis auf einen Blick: Sich selbst und andere besser verstehen.* mvg Verlag, München, 3 Auflage 2018
- Scheelen, Frank M.; Detroy, Erich-Norbert (2015): *Jeder Kunde hat seinen Preis.* Walhalla Verlag, Regensburg, 5. Auflage 2015
- Scheelen, Frank M. (2013); Christiani, Alexander: *Stärken stärken. Talente entdecken, entwickeln und einsetzen.* Redline Verlag, München, 3. Auflage 2013
- Scheelen, Frank M. (2011): *Erfolgsfaktoren für Spitzenverkäufer: So gewinnen Sie schlagkräftige Vertriebsteams.* Herausgeber: Scheelen Bildungsverlag. Waldshut-Tiengen 2011
- Scheelen, Frank M. (2011): *So gewinnen Sie jeden Kunden. Das 1x1 der Menschenkenntnis im Verkauf.* Redline Verlag, München 2011
- Scheelen, Frank M.; Tracy Brian (2005): *Personal Leadership. 24 Bausteine für persönlichen Erfolg und Spitzenleistung im Team.* Redline Verlag, München, 3. Auflage 2005
- Specht, Jule (2018): *Charakterfrage. Wer wir sind und wie wir uns verändern.* Rowohlt Taschenbuch, Reinbek bei Hamburg, 2. Auflage 2018
- Vogelhuber, Oliver (2017): *Von einem, der auszog, Mentale Stärke zu lernen.* Verlag Sascha K., Dahme/Mark 2017

Die Autoren

Oliver **Vogelhuber**

bringt als Diplom-Psychologe und Master of Business Administration, Coach und Vortragsredner die optimale Mischung zum „Profilen" mit.

Seine Fähigkeit, andere Menschen zu begeistern und positiv mitzunehmen, bringt der gelernte Versicherungskaufmann - jahrelang erfolgreich praktizierender Verkäufer „an der Vertriebsfront" - in seine Veranstaltungen und Coachings ein.

Seine Spezialität ist das „Profiling" – Menschen zu lesen und zu verstehen -, woraus er den Ansatz „Profiling³" entwickelt hat.

Nachhaltigkeit, Aufrichtigkeit und Vertrauenswürdigkeit sind für ihn Schlüssel zum Erfolg und zu Herz und Hirn der Menschen. All das hat Ihn in den letzten Jahren zu einem erfolgreichen Verkäufer, Speaker und Coach gemacht.

Oliver Vogelhuber ist zertifizierter INSIGHTS MDI®- und ASSESS BY SCHEELEN®-Trainer.

Mehr Info: **www.vogelhuber.de**

Frank M. Scheelen

ist erfolgreicher Unternehmer, mehrfach ausgezeichneter Vortragsredner und renommierter Fachbuchautor.

Seit rund 30 Jahren berät der heutige Vorstandsvorsitzende der SCHEELEN® AG mit der von ihm gegründeten ganzheitlichen Unternehmensberatung Top-Unternehmen in ganz Europa.

Zur Scheelen AG gehören auch die bekannten Marken INSIGHTS MDI®, ASSESS by SCHEELEN® sowie RELIEF by SCHEELEN®.

Frank Scheelen ist mit der SCHEELEN® AG exklusiver Lizenzgeber für Insights MDI für Zentraleuropa - mit über 1200 Partnern und mehr als 5000 ausgebildeten Insights MDI®-Beratern. Weltweit wird im Schnitt alle zehn Sekunden eine Insights MDI®-Analyse durchgeführt.

Damit ist Frank M. Scheelen einer der profiliertesten Experten für Themen der HR, der Unternehmensentwicklung und der Mitarbeiterführung.

Mehr Info: **www.scheelen-institut.com, www.scheelen-institut.com/profiling-tools/insights-mdi**

Weitere Medien zu diesem Thema – hier gibt´s mehr!

Erfolgreiche, dauerhafte Partnerschaften - beruflich und privat - sind immer eine Frage der Menschenkenntnis. Mit der Insights-Methode lernen Sie, Stärken und Schwächen an sich und anderen zu erkennen und somit effektiver zu kommunizieren. Frank M. Scheelen zeigt Ihnen, wie Sie Ihre Gesprächsziele bald mit Leichtigkeit und Spaß erreichen.

Scheelen, Frank M.: Menschenkenntnis auf einen Blick. Sich selbst und andere besser verstehen.
mvg Verlag, 2014
ISBN: 978-3868825664
Taschenbuch, 8.99 EUR

"Mentale Stärke kann man lernen!"
Hier finden Sie - in neun Geschichten verpackt - anwendungsbereite Tipps, um die eigene Fähigkeit der Mentalen Stärke zu fördern.
Begeben Sie sich auf eine bayerisch-humorvolle Reise durch die menschliche Psyche und sammeln Sie praktische Tipps für Ihre eigene Mentale Stärke.

Vogelhuber, Oliver: Von einem der auszog, Mentale Stärke zu lernen: 9 Geschichten und 1 Miniroman aus dem Leben eines Coachs.
Nova MD, 2017
Taschenbuch, 12.99 EUR

Unser Erfolg, im Leben wie im Verkauf, hängt zu 95 % davon ab, wie gut wir uns mit anderen Menschen verstehen. Frank M. Scheelen verrät im Bestseller „So gewinnen Sie jeden Kunden", wie man zum Beziehungsmanager wird und jeden Kunden überzeugt.

Scheelen, Frank M.: So gewinnen Sie JEDEN Kunden. Das 1 x 1 der Menschenkenntnis im Verkauf.
Redline Verlag, 2011
ISBN: 978-3868813081
Hardcover, 29.99 EUR

Welche Motivatoren und innere Antreiber bestimmen Ihr unbewusstes Handeln?
Welchem Persönlichkeitstyp entsprechen Sie am stärksten?

Vogelhubers Profiling Machine
erhältlich im App Store und bei Google Play
APP
9.99 EUR

Alles über INSIGHTS MDI® finden Sie hier:
https://www.scheelen-institut.com/profiling-tools/insights-mdi